LE PRUNIER

SA CULTURE

ET LA PRÉPARATION DE SON FRUIT

Le Dr Henri ISSARTIER

OUVRAGE ESSENTIELLEMENT PRATIQUE, AVEC GRAVURES DANS LE TEXTE

PARIS

LIBRAIRIE CLASSIQUE DE PAUL DUPONT

41, RUE JEAN-JACQUES-ROUSSEAU, 41

1874

LE PRUNIER

—

SA CULTURE

Clichy. — Imprimerie Paul Dupont, 12, rue du Bac-d'Asnières.

LE PRUNIER

SA CULTURE

LA PRÉPARATION DE SON FRUIT

PAR

LE Dr Henri ISSARTIER

OUVRAGE ESSENTIELLEMENT PRATIQUE, AVEC GRAVURES DANS LE TEXTE

PARIS

LIBRAIRIE CLASSIQUE DE PAUL DUPONT

41, RUE JEAN-JACQUES-ROUSSEAU, 41

—

1874

AVANT-PROPOS

Je publiai il y a quelques années un petit livre sur *la culture des arbres fruitiers à tout vent.* L'accueil bienveillant que cet ouvrage, arrivé en peu de temps à sa quatrième édition, a trouvé dans le public agricole, est pour moi un encouragement à entreprendre un nouveau travail qui me paraît pouvoir rendre service aux cultivateurs et qui remplit une lacune dans les livres publiés sur l'arboriculture. Les monographies du poirier et du pêcher sont très-nombreuses; celle du prunier n'existe pas, où du moins m'est inconnue; et cependant, la prune est un produit d'une importance qu'en général on est loin de soupçonner.

La prune verte est un fruit excellent qui entre

pour une faible part sans doute dans l'alimentation publique ; mais la prune confite est une grande ressource de la confiserie, et la prune desséchée et transformée en pruneaux d'Agen, de Tours et de Reims représente une valeur considérable et une part importante du revenu public, qui va toujours en angmentant. En effet, en 1841, d'après les relevés officiels, le port de Bordeaux seul exporta pour 2,709,500 francs de pruneaux ; vingt ans plus tard, en 1861, d'après les renseignements que je dois à l'obligeance de M. le directeur des douanes de Bordeaux, la quantité s'éleva à 7,200,000 francs environ. Si à ce chiffre on ajoutait celui produit par les pruneaux expédiés par les chemins de fer, on arriverait à un résultat considérable qu'il est difficile de bien préciser, mais qui s'élève aujourd'hui, d'après les recherches les plus récentes, à 12 ou 15 millions pour les pruneaux d'Agen seulement. Or, l'enquête agricole de 1862 n'établit qu'à 90 millions le produit des vignes de la Gironde, et cependant quelle importance n'attache-t-on pas, avec raison, à la culture de la vigne et à l'enseignement de ses meilleurs systèmes ! N'est-il donc pas aussi très-nécessaire de bien cultiver le prunier, dont le produit égale le sixième de celui du vignoble girondin et augmente chaque jour ? Est-il à craindre que l'accroissement énorme dans la production entraîne l'avilissement des prix ?

Évidemment non. En 1806, M. Lafon estimait le prix moyen des pruneaux à 40 francs les 100 kilos. En 1824, M. de Saint-Amans écrivait que le prix tendait à s'élever bien que la production eût doublé. En 1861 elle avait pris des proportions imprévues, et néanmoins le prix a augmenté, car la moyenne des dernières années peut être calculée à 80 francs les 100 kilos. La culture du prunier n'est d'ailleurs une véritable industrie agricole que dans le département de Lot-et-Garonne et quelques portions limitrophes des départements voisins, ainsi que dans l'Indre-et-Loire. La production est donc nécessairement limitée relativement à la consommation, qui s'étend à peu près dans toute l'Europe et presque dans tout le monde civilisé, surtout depuis l'établissement des voies ferrées. L'expérience et l'induction sont donc d'accord et rassurantes pour l'avenir, et la culture d'un arbre dont le produit est excellent, que la consommation utilise de diverses façons, qui se conserve parfaitement, qui voyage très-facilement, ne saurait être trop encouragée.

Cependant chaque culture a ses difficultés et la cuisson de la prune présente ou plutôt a présenté jusqu'ici des embarras que l'insuffisance des bras a aggravés. Dans l'Indre-et-Loire, le cultivateur vend la prune verte à l'industrie qui la fait cuire ; dans le Lot-et-Garonne, il prépare lui-même le pruneau, mais sur quelques points il donne la prune à cuire *à moitié*. Il semblerait dès lors que la préparation du fruit représente la moitié de la valeur du produit, c'est-à-dire près du 7 millions pour le département de Lot-et-Garonne. Évidemment un pareil usage est une énorme duperie, qui ne peut être attribuée qu'aux procédés défectueux de cuisson de la prune, Autrefois tout le monde, et encore aujourd'hui le plus grand nombre des cultivateurs fait cuire la prune au four. Il n'est pas difficile de comprendre la longueur et les embarras d'une pareille opération qui ne produit que des résultats restreints et coûteux et obligeait les grands propriétaires à la construction de dix, douze et jusqu'à vingt fours. La nécessité a donc introduit depuis quelques années *les étuves* où l'on a commencé la cuisson des prunes pour l'achever au four. Peu à peu ces étuves se sont perfectionnées et transformées en *séchoirs* qui reçoivent la prune verte et la rendent complétement cuite.

J'étudierai donc en deux chapitres :

1° Au point de vue agricole, *la culture du prunier* dans tous ses détails.

2° Au point de vue industriel, *la préparation du pruneau;* en indiquant les procédés de la meilleure préparation et le système de séchoir qui peut l'assurer, dans les conditions les plus parfaites et les plus économiques.

INTRODUCTION

Quand on remonte la riante vallée du Lot, depuis Aiguillon jusqu'à Fumel, on trouve partout la plaine fertile qui borde la rivière et les pittoresques coteaux qui la dominent couverts de pruniers d'Ente ou .Robe-Sergent, dont les fruits, empruntant au chef-lieu leur nom commercial, sont expédiés dans le monde entier, comme pruneaux d'Agen. Des rives du Lot et de Castel-moron comme centre, le prunier s'est avancé en rayonnant dans tous les sens vers les contrées voisines en suivant la marche très-bien indiquée par M. Petit-Laffitte, professeur d'agriculture du département de la Gironde, dans ses *études sur le prunier*, source où j'ai puisé des renseignements précieux, et a pénétré dans la Gironde par le canton de Monségur et dans la Dordogne par Montpazier, Eymet et Montpont. La rive droite de la Garonne présente des conditions favorables à la culture du prunier, qui d'ailleurs, comme tous les végétaux, a sa prédilection de sol et de climat; aussi voit-on des plantations parfaitement réussies jusque dans le canton de Créon et même la banlieue de Bordeaux. La rive gauche, où domine la grave, est moins propice à cette culture; cependant dans les environs de Buzet, on trouve de beaux pruniers Robe-Sergent qui produisent de très-bons fruits. Le Lot, le Tarn, le Tarn-et-Garonne et même l'Aveyron fournissent une très-grande quantité de pruneaux communs faits avec une prune dite de Saint-Antoine.

Toute la vallée de la Loire est couverte de pruniers Sainte-Catherine qui fournissent les pruneaux renommés de Tours.

Dans la Lorraine, le prunier Quetsche produit une des meilleures prunes pour les conserves communes. A Brignoles, dans le Var, le Perdrigon rouge sert à faire l'espèce de pruneaux connue sous le nom de Pistole. Enfin la prune est très-sucrée, et par la distillation on peut en retirer d'excellente eau-de-vie, que l'on obtient avec les fruits écrasés dans les années de grande abondance et que l'on distille usuellement en Lorraine, en Suisse et en Allemagne.

Quant aux pruniers pour la table, parmi lesquels le prunier Reine-Claude et ses variétés tiennent sans contredit le premier rang et sont employés pour faire les prunes à l'eau-de-vie et au sirop, des marmelades et des pâtes délicieuses, ils sont cultivés à tout vent, presque dans tous les jardins, dans la région de la vigne.

Au nord de cette limite, ils ne pourraient réussir que dans des conditions exceptionnelles d'exposition et au moyen d'abris qui préserveraient de la gelée ses fleurs très-précoces.

Le domaine du prunier est donc assez vaste, et ses produits assez importants pour justifier la publication d'un petit traité sur sa culture.

LE PRUNIER

SA CULTURE

PREMIÈRE PARTIE

CULTURE DU PRUNIER

Le *prunier* appartient à la famille botanique des *Rosacées*, section des Amygdalées. C'est un grand arbre atteignant jusqu'à 6 et 7 mètres de hauteur, à rameaux nombreux et étalés, ordinairement lisses, mais quelquefois épineux.

Les *feuilles* sont elliptiques, aiguës, crénelées, enroulées longitudinalement avant leur épanouissement.

Le *calice* est tubuleux, urcéolé, à 5 divisions.

La *fleur* a 5 pétales et de 15 à 30 étamines.

Le *fruit* est une drupe glabre, globuleuse ou ovoïde, et ne contient qu'une graine, renfermée dans un noyau ovale, aplati, dur, uni sur les deux faces, à bord dorsal arrondi et creusé d'un sillon, à bord ventral longé par deux sillons latéraux. La peau du fruit ou *épicarpe* est généralement mince, recouverte, à l'époque de la maturité, d'une sorte d'efflorescence glauque, qu'on nomme la *fleur*, colorée en jaune, vert, rouge, violet, noir, etc., etc., suivant la variété ; d'un coloris plus vif, plus foncé du côté du soleil, quelquefois pointillée de taches d'une teinte plus sombre. Elle se détache assez facilement de la chair dans plusieurs variétés ; dans d'autres, elle est plus épaisse et s'en sépare avec difficulté.

La *chair* ou pulpe est généralement sucrée, parfumée, délicate, molle, d'une couleur variable, plus ou moins adhérente au noyau.

ORIGINE DU PRUNIER.

Le prunier, selon Théophraste, a été cultivé en Asie depuis les temps les plus reculés. Les Grecs appelaient son fruit προυμνον (*proumnon*), qui est évidemment l'étymologie du mot français *prune* ; d'après Pline, les Romains en cultivaient onze variétés, provenant du *prunier domestique* introduit en Italie par Caton l'Ancien.

Il est probable qu'il est originaire de Syrie, comme le pêcher. Aux environs de Damas, il croit spontanément ; et c'est encore une de ses variétés, le *Damas noir*, très-rustique, et très-vigoureuse, qui est très-employée dans les pépinières, comme sujet, pour greffer toutes les autres.

Les Croisés introduisirent le prunier domestique en France, d'où il a été importé dans le Nouveau Monde, qui nous a renvoyé de très-belles variétés.

VARIÉTÉS PRINCIPALES ET MÉRITANTES.

1° Fruits de table par ordre de maturité.

EN JUILLET.

Montfort. — Bon et beau fruit, violet foncé.

EN AOUT.

Monsieur à fruit jaune. — Beau et excellent fruit.
Reine-Claude verte. — La reine des prunes.
Drap d'or Esperen. — Fruit moyen, jaune, excellent.
Victoria. — Fruit rouge, très-bon, remarquablement beau, très-fertile.
Pêche. — Magnifique, jaune, colorée de rouge, bonne.
Pond's sedling. — Fruit de la plus grande beauté, pourpre foncé, quelquefois très-bon.
Jefferson. — Exquise et superbe.
Petite Mirabelle. — Petite, dorée, d'une fertilité extraordinaire, la meilleure pour compotes.

EN SEPTEMBRE.

Kirke's. — Fruit énorme, violet, excellent, arbre très-fertile et très-vigoureux.

Reine-Claude rouge Van Mons. — Très-beau et très-bon fruit, fortement coloré en rouge.

Reine-Claude violette. — Fruit moyen, violet, excellent, succédant à la Reine-Claude verte.

Reine-Claude monstrueuse de Bavay. — Fruit magnifique, excellent en complète maturité et après un séjour de 15 jours au fruitier; arbre rustique et fertile.

Reine-Claude tardive. — Beau fruit excellent; arbre très-fertile; elle porte aussi le nom de Merveille de septembre.

Coe's golden dropp. — Très-beau fruit ovale, jaune, piqué de rouge, excellent et très-apprécié en Angleterre, se conserve parfaitement au fruitier.

EN OCTOBRE.

Washington. — Fruit sphérique, très-gros, blanc jaunâtre, très-bon; arbre très-vigoureux et fertile.

EN NOVEMBRE.

De la Saint-Martin. — Fruit moyen, violet, noir, n'ayant guère que le mérite de se conserver au fruitier jusqu'en décembre.

2° Fruits à prunaux.

EN AOUT.

Perdrigon rouge. — Fruit moyen rougeâtre; cultivé dans le Var, où il sert à faire la variété de pruneau désignée sous le nom de Pistole.

Perdrigon violet. — Cultivé dans le même but dans les Basses-Alpes.

EN SEPTEMBRE.

D'Agen, d'Ente, Datte, Robe-Sergent. — Beau fruit rouge, violet, allongé, excellent ; sert à faire le pruneau d'Agen.

Quetsche ou *Couestche d'Allemagne.* — Fruit violet noir, moyen, cultivé en Allemagne et en Lorraine.

Sainte-Catherine. — Cultivé sur une grande échelle aux environs de Tours, à Saumur et dans la vallée de la Loire; fruit moyen, jaunâtre, ovale.

Saint-Antoine. — Prune moyenne, cultivée dans le Lot, le Tarn et le Tarn-et-Garonne, avec laquelle on fait en grande quantité le pruneau commun.

CLIMAT ET EXPOSITION.

La fleur précoce du prunier redoute les gelées tardives. A moins d'abri, cet arbre ne peut donc guère être cultivé avec succès que sous le climat de la vigne ; les grandes chaleurs de l'été lui nuisent, parce que ses racines traçantes et peu profondes redoutent la sécheresse du sol, qui ne fournit plus à l'arbre l'humidité nécessaire pour suppléer aux pertes produites par la transpiration des parties vertes de l'arbre, surtout des feuilles, et suffire au développement du fruit, qui reste alors petit, sec et ridé ; c'est donc le climat tempéré du sud-ouest qui paraît le plus favorable à sa végétation ;

raison qui explique la culture en grand de cet arbre dans les bassins de la Loire, de la Garonne, de la Dordogne, du Lot, du Tarn et de l'Aveyron. Mais à côté des avantages qu'il retire de ces conditions climatériques, le prunier trouve dans les bassins de la Dordogne et surtout de la Garonne, où il occupe de vastes surfaces, des difficultés de culture assez graves.

Les vents d'ouest et de sud-ouest, quelquefois d'une grande violence au printemps, tourmentent les arbres, surtout au sommet des coteaux ; la fleur, à sa naissance, est très-sensible à ses atteintes et souffre d'autant plus que la région est plus voisine de l'Océan, dont les émanations salines sont funestes à tous les arbres fruitiers, principalement au point de vue de la fructification. Il est donc avantageux, lorsqu'on a le choix de l'exposition, de préférer celle de l'est, du nord et du nord-est, où l'arbre se trouve à l'abri de ces grands courants saturés de vapeurs salines.

Enfin les cours d'eau de ces grands bassins produisent encore, du moins nous supposons qu'ils en sont la cause, ces brouillards si funestes au moment de la floraison ou lorsque le fruit est à peine formé.

Si ces vapeurs matinales sont dissipées brusquement par le soleil, soit que la transition rapide d'une température froide à une température plus élevée produise une véritable brûlure, soit que le même effet résulte de la convergence des rayons calorifiques passant au travers des gouttelettes d'eau qui se sont formées et jouent le rôle d'une lentille, la fleur délicate se flétrit, et l'ovaire naissant se dessèche et tombe ; la récolte est en un instant compromise ou totalement perdue : cruelle déception contre laquelle nous ne saurions conseiller aucun moyen préventif.

Comme tous les arbres fruitiers, le prunier exige d'ailleurs une exposition aérée, loin des grands arbres forestiers, dont le voisinage nuirait à sa production.

NATURE DU SOL FAVORABLE AU PRUNIER.

La nature du sol où réussit le prunier varie à l'infini; dans la Loire, le Lot-et-Garonne, la Gironde, le Tarn, il vient à peu près partout excepté dans le sable, dans le gravier et dans les terrains trop humides. C'est pour ce motif sans doute que les plantations de pruniers ont mal réussi sur la rive gauche de la Garonne, où domine la grave. L'argile paraît être l'élément préféré par le prunier, avec toutefois un mélange de calcaire et de silice. Quant à la profondeur de la couche végétale, elle n'a pas besoin de dépasser 50 ou 60 centimètres, à la condition cependant que le sous-sol ne soit pas impénétrable à l'eau. La racine traçante du prunier s'accommode parfaitement de cette épaisseur.

CULTURE DU PRUNIER.

Les racines traçantes et superficielles du prunier fournissent une grande quantité de rejetons que les propriétaires et les pépiniéristes utilisent pour le *reproduire*, en le greffant ou sans le greffer. Cette méthode est défectueuse; ce genre de sujet est mal enraciné, drageonne beaucoup, s'épuise en rejetons, redoute la chaleur, faute de racines pivotantes n'acquiert jamais de fortes dimensions, et vit moins longtemps que les sujets provenant de semis, qui doivent être préférés à tous égards.

Les espèces les meilleures pour fournir les noyaux de semence sont le Damas, le Sainte-Catherine et le Saint-Julien; le Mirobolan vient mieux dans les terrains secs et siliceux; le prunier d'Agen peut également fournir les semences, qui se reproduisent d'ailleurs franches de pied. On doit choisir, dans tous les cas, les fruits les plus beaux et bien mûrs. On enlève la pulpe, que l'on peut utiliser en marmelades ou confitures, et l'on place immédiatement les noyaux dans du sable frais, mélangé de terreau, pour empêcher la graine de se dessécher. C'est cette opération qu'on désigne sous le nom de *stratification*. Ces noyaux sont ensuite placés en terre et recouverts de paillis, de façon à empêcher que les pluies de l'hiver n'entretiennent dans la couche stratifiée un excès d'humidité qui pourrait les graines, et à les préserver du froid qui pourrait les geler.

Si l'on craignait les dégâts des rats et des mulots, on les placerait dans une caisse que l'on déposerait dans une cave.

Avant l'hiver, on défonce, après l'avoir parfaitement fumé, le sol destiné au semis, et qui doit être plutôt léger que compacte; en le dressant à gros billons très-élevés, sans écraser les mottes; la gelée, les pluies, les influences atmosphériques l'ameublissent pendant la saison rigoureuse, et au printemps il est prêt à recevoir la semence qui a germé et laisse voir la pointe de la radicule qui sort des valves du noyau entr'ouvert. C'est vers la fin de février ou au commencement de mars que l'ensemencement doit se faire.

Un labour superficiel nivelle les billons, et le rateau achève de dresser la planche sur laquelle on trace des rayons distants de 50 centimètres et profonds d'environ 10 centimètres; les noyaux sont semés au fond de ces sillons, comme des pois, ce qu'on appelle, en terme du métier, *rigoler*, en ayant soin de semer très-clair; on les recouvre enfin par un coup de rateau. Peu de temps après ces noyaux ont levé. Il est inutile, à moins de grande sécheresse, d'arroser ces jeunes plantes; il suffit de les débarrasser des herbes qui les gêneraient, au moyen de binages légers et superficiels, qui ont en outre l'avantage de tenir le sol très-ameubli et par conséquent de maintenir la fraîcheur dans les lignes des semis.

Il arrive fréquemment que les mulots, friands des amandes du noyau, creusent les sillons pour les y chercher et occasionnent un grand dommage. On les détruit facilement avec la graisse phosphorée étendue sur des tranches de pain qu'on divise en petits morceaux et qu'on place entre deux tuiles creuses superposées, de façon à former une espèce de canal où le mulot pénètre facilement et où l'appât est à l'abri des intempéries qui dénatureraient le poison. On prétend qu'il est essentiel de ne pas toucher le pain avec les doigts, qui laissent une odeur dont les mulots se méfient.

Pendant l'été, si les chaleurs étaient excessives, on pourrait arroser abondamment les planches, puis les sarcler et les recouvrir d'une couche de fumier long,

au-dessous duquel la fraîcheur se maintiendrait longtemps, fumier qui se décompose en peu de temps et
qu'on enfouit à un nouveau binage.

A l'automne, si les plants sont bien venus, on peut
les replanter en pépinière dès la première année; dans
le cas contraire, on les laisse en terre jusqu'à l'automne
de la seconde année, en leur donnant les soins indiqués
ci-dessus.

Les planches destinées à la pépinière doivent être
préparées d'avance, bien fumées, défoncées à 60 centimètres de profondeur et bien ameublies.

Pour être repiqués, les plants doivent être levés avec
précaution pour ménager les racines, qui sont proprement raccourcies à la serpette de manière à conserver
à peu près la même longueur dans tous les sens; l
pivot lui-même doit être raccourci pour donner naissance à plusieurs racines pivotantes qui assurent plus
de solidité à l'arbre. Quant à la tige, il n'y a aucun
inconvénient à en retrancher une partie, si les racines
insuffisantes rendent cette opération nécessaire, afin de
maintenir l'équilibre indispensable entre la partie sou-
terraine et la partie aérienne de la plante; du reste, en
tenant la tige basse, la sève est plus refoulée sur la
portion où la greffe sera placée à l'automne, et le temps
pendant lequel cette opération est possible dure plus
longtemps, d'après quelques praticiens. Si on ne touche
pas à la tige il faut toujours, du moins, tailler très-court
les petites branches latérales qui l'entourent. Ces plants
étant ainsi *habillés* on les repique dès novembre ou
décembre dans les planches qui leur sont destinées
avec les précautions nécessaires pour assurer leur reprise

On trace des lignes à 60 centimètres l'une de l'autre, et dans ces lignes, on repique les plants à 50 centimètres d'intervalle; si le terrain n'est pas riche ou que l'on puisse disposer de beaucoup de place, on augmente un peu chacune de ces dimensions.

Quelques pépiniéristes plantent à *la cheville*, c'est-à-dire dans un trou conique, évasé en haut, fait avec un plantoir ou bien un pieu d'environ 0,05 centimètres de diamètre, et appointé en cône. Le plant est placé dans ce trou et garni avec de la terre que l'on pousse avec la pointe du pieu, autour des racines et de leur collet. Ce procédé est expéditif, mais nous lui préférons le suivant. A chaque place indiquée pour un plant, on creuse à la houe ou à la bêche une petite fosse suffisante pour recevoir les racines, on y place le plant, en étendant les racines latérales, horizontalement ou obliquement, à peu près également en tous sens, et on les garnit *avec la main* de terre bien ameublie, et mieux encore, mélangée de terreau bien consommé. La tige doit être tenue bien droite, et le collet de la racine doit être au niveau du sol, ou à peine au-dessous; lorsqu'une ligne est plantée, on saisit, c'est-à-dire on comprime légèrement avec le pied la terre tout autour du plant, pour mettre le mieux possible les racines en contact avec la terre; et une fois que toutes les lignes sont plantées, on pratique un léger sarclage pour ameublir la surface du sol, qui a été nécessairement piétinée et durcie par les manœuvres de la plantation. Pendant l'été, d'ailleurs, ces plants sont protégés contre la chaleur par les binages et les couvertures que nous avons recommandés pour les semis.

Si la plantation a été faite dans de bonnes conditions et favorisée par une bonne saison, les plants repiqués ont poussé vigoureusement et peuvent être greffés dès la première année près de terre et à œil dormant, pour les variétés destinées à la pyramide et à l'espalier. Dans le Lot-et-Garonne, on greffe également près de terre le prunier Robe-Sergent; les bourgeons vigoureux qui en sortent atteignent souvent dans un an une hauteur de 2 mètres et même davantage et servent à faire la tige du prunier. La greffe doit être faite de bonne heure, à partir de la fin de juin ou du commencement juillet, parce que pour le prunier, le moment propre à la greffe arrive de bonne heure et dure peu de temps. Avant de commencer les greffes, on doit enlever très-proprement et ras la tige toutes les petites branches qui l'entourent et gêneraient l'opération.

Nous ne parlerons pas des détails de la greffe, que presque tous les cultivateurs connaissent, renvoyant au surplus le lecteur au petit livre : *Culture des arbres fruitiers à tout vent*, où les espèces les plus usuelles de greffes sont décrites avec des gravures qui en facilitent l'explication.

Au printemps les yeux de la greffe poussent et donnent lieu à des bourgeons plus ou moins vigoureux. Si les sujets qui ont été greffés n'ont pas été raccourcis, on doit les rabattre, ou tout au moins les ébourgeonner, de même qu'on ébourgeonne les sujets qui avaient été raccourcis au moment du repiquage, afin de faire monter la sève dans le bourgeon de la greffe, dont on se gardera de toucher les petites branches latérales, qui servent à grossir la tige à mesure qu'elle s'élève. Ces petites branches peuvent cependant être pincées pendant l'été, dans le cas où elles prendraient trop de développement, et à l'hiver elles doivent être raccourcies à 2 ou 3 yeux, et même supprimées si elles sont trop fortes.

Il peut arriver que dès la première année les plants repiqués aient pris trop peu de développement pour être greffés avec succès, ou bien que l'on veuille obtenir des bourgeons vigoureux, francs, destinés à être greffés en tête, ce qui est nécessaire pour quelques variétés de pruniers qui poussent peu et mettraient plus d'un an à faire une tige suffisamment longue et forte, et ce qui est presque toujours pratiqué pour les pruniers à fruits de table; dans ce cas, on doit rabattre au printemps le plant sur deux yeux inférieurs vigoureux et, lorsqu'ils ont poussé, ne conserver que le plus robuste qui, recevant tout l'effort de la végétation, devient un bourgeon fort sur lequel on peut, à l'automne, placer la greffe en tête, soit en écusson à œil dormant, simple ou double, soit à la pontoise, soit en greffe anglaise, la plus solide de toutes les greffes.

Les tiges étant ainsi formées, soit par le bourgeon provenant de la greffe placée au bas, soit par un bourgeon du sujet greffé en tête, sont rabattues à une hauteur de 1ᵐ 50 à 2 mètres, variable suivant les usages locaux.

Les planches doivent recevoir un labour superficiel dès le printemps et au moins deux binages en été. Les branches latérales doivent être surveillées et pincées, si elles prennent trop de développement. À l'automne, ces tiges de deux ans peuvent être assez bien constituées pour être replantées à demeure; cependant quelques arboriculteurs conseillent de les laisser en pépinière un an et même deux de plus pour avoir les sujets très-forts; nous ne partageons pas cet avis, et nous conseillons de ne pas aller au delà de la troisième année pour la replantation.

PLANTATION.

Après la chute des feuilles, on procède aux plantations, pour lesquelles le terrain a dû être préparé d'avance. Pour les pruniers à fruits de table, on ouvre dans le jardin ou le verger, soit un trou isolé, de 1^m 50 centimètres de diamètre, soit préférablement une fosse de même largeur au moins et d'une profondeur de 0^m 75 centimètres au moins ; et dans le terrain amendé avec lequel on remplit le trou ou la tranchée, on plante le prunier avec toutes les précautions nécessaires pour assurer la reprise de l'arbre.

Mais pour les pruniers à pruneaux, cultivés surtout sur une grande échelle dans le Lot-et-Garonne, des conditions particulières nous paraissent devoir être remplies.

Dans les localités où la culture a pris le plus de développement, les cultivateurs plantent dans tous leurs champs, encouragés qu'ils sont par le revenu considérable qu'ils en retirent, puisque des propriétés imposées au foncier de 200 francs donnent, seulement en pruneaux, jusqu'à 2,000 francs, et même 3,000 francs, sans compter les autres récoltes, qui sont à peine diminuées par le préjudice inévitable mais peu sensible porté par les plantations de pruniers.

Aussi voit-on les vignes, les champs de blé, les bordures de prairies occupés par des pruniers plantés bien souvent sans la moindre symétrie. Nous ne pouvons cependant approuver les plantations de pruniers dans les champs destinés aux céréales et les prairies ; les labourages les exposent à de graves dommages, pour les racines par le soc de la charrue, pour l'écorce de la tige et les branches basses de la tête de l'arbre par les cornes des bœufs ; dans les prairies où les arbres fruitiers ne peuvent jamais réussir à moins d'une fertilité extraordinaire du sol, par défaut de labourage et insuffisance d'alimentation, l'herbe absorbant la plus grande partie des éléments de nutrition ; les pruniers sont en outre exposés à être constamment tourmentés par les bœufs qu'on fait paître, et qui, dans l'été et l'automne, vont à chaque instant se frotter contre la tige pour se débarrasser des mouches.

Les plantations dans les vignes nous paraissent bien préférables, parce que le sol se trouve préservé de la sécheresse, pendant les grandes chaleurs de l'été, par l'ombrage fourni par les feuilles de la vigne qui sont très-larges et très-nombreuses ; néanmoins dans les vignes pleines où le sol n'est pas très-riche il est à craindre que la vigne ne dispute avec trop d'avantage au prunier la nourriture que lui fournit le terrain rarement fumé ; dans les rangs de vigne à un rang unique, méthode qui tend le plus à être adoptée par l'économie de culture qu'elle procure, en permettant de faire presque toutes les façons de la vigne à la charrue, le prunier reste toujours exposé aux dangers que lui fait courir le labourage pour ses racines et ses branches. A notre avis, ces dangers sont conjurés par la plantation du prunier dans un rang double de vigne, chaque rang de vigne étant à 1 mètre ou 1^m 20 l'un de l'autre et les pruniers de 10 à 15 mètres l'un de l'autre sur la ligne. Ces rangs doubles appelés, *joualles*, *cances*, *palues*, suivant les localités, sont séparés les uns des autres par de grandes plates-bandes dont la largeur doit varier, suivant la richesse du sol, de 10 à 20 mètres. Ces plates-bandes peuvent être, soit destinées à la vigne qui, sur ce point, peut être plantée à rang unique, soit réservées pour les céréales, en cultivant une année les plates-bandes impaires 1,3,5,7, etc., et l'année suivante les plates-bandes paires 2,4,6,8, etc.; de façon à ce que les influences atmosphériques puissent s'exercer librement d'un côté des rangs doubles où sont plantés les pruniers.

Cette disposition permet dans ces plates-bandes la culture intercalaire de la vigne à un seul rang, et dans les conditions les plus économiques, ou bien la culture des céréales, pour laquelle le fumier, qui n'est pas épargné, profite aussi au prunier. Cette culture épuisante nuit sans doute au prunier, mais d'un côté les engrais réparateurs atténuent ce préjudice, et d'un autre côté, aussitôt la moisson terminée, on peut et on doit fumer et labourer le sol, de manière à obtenir les résultats d'une culture intensive.

Quoi qu'il en soit du genre de plantation que l'on a arrêté, il faut avant tout préparer le terrain longtemps d'avance par les défoncements qui ont pour but non seulement d'ameublir le sol afin que toutes ses couches soient facilement pénétrables par le chevelu des racines, mais encore pour les mélanger et ramener à la surface les couches profondes qui seront ainsi améliorées par l'influence des engrais, de l'air, du soleil, etc., etc.

Les fumiers ou amendements dont on peut disposer doivent être répandus également sur le sol avant le défoncement, pour que leur mélange avec la terre se fasse le plus parfaitement possible.

Ces défoncements faits à la houe ou à la bêche, à 0^m 70 ou 0^m 80 de profondeur, doivent être pratiqués longtemps avant la plantation, et de façon à ce que les gelées et les pluies de l'hiver contribuent à ameublir le sol qui, soulevé par le défoncement, se tassera peu à peu de manière que les vides existant entre les mottes de terre disparaîtront et que les racines seront partout en contact avec la terre, condition essentielle de la reprise et d'une végétation vigoureuse.

Lorsque les arbres ne doivent pas être en ligne, ou bien s'ils doivent être très-éloignés les uns des autres, on fait pour chacun un trou rond de 2 mètres de diamètre et à 0^m 80 de profondeur ; on est obligé, dans ce cas, d'enlever la terre du trou ; on place alors celle de la première couche, qui est ordinairement la meilleure, d'un côté du trou, puis celle de la seconde couche, la plus profonde et généralement la moins bonne, d'un autre côté ; on laisse longtemps ces terres exposées aux influences atmosphériques qui l'ameublissent, et quelque temps avant la plantation ou comble le trou en plaçant au fond la meilleure terre, et au-dessus la plus mauvaise, qui s'améliorera par les engrais et la culture. Si le fond du trou était un sous-sol qui retînt l'eau, il serait indispensable de le drainer, sous peine de voir le prunier, qui n'aime pas l'humidité, dépérir en peu de temps.

Quant à l'époque de la plantation, une longue et constante expérience ne nous permet aucune hésitation. Sans doute, dans les sols très-argileux qui retiennent l'eau tout l'hiver les plantations du printemps sont en général préférables et réussissent d'ailleurs très-bien lorsqu'elles sont faites avec soin ; mais le prunier ne doit jamais être planté dans des conditions où il aurait à souffrir de l'humidité, et nous devons recommander formellement les plantations d'automne. Chaque année nous mettons en jauge à l'automne des pruniers attendant leur plantation ; au printemps toujours ils ont des radicelles déjà longues de plusieurs centimètres ; en les déjaugeant, pour les planter, ces radicelles sont perdues, tandis que si les pruniers avaient été plantés définitivement, elles continueraient à pousser et donneraient à l'arbre planté à l'automne une grande avance sur celui que l'on plante au printemps.

Le terrain étant prêt pour la plantation, on arrache, ou plutôt on déplante les arbres de la pépinière à jauge ouverte pour ménager le plus possible toutes les racines.

CHOIX DES ARBRES

On ne saurait prendre trop de soins pour choisir de
beaux sujets. Il faut que les tiges soient droites, vigoureuses, jeunes, capables de se passer de tuteurs et de
ne pas s'incliner sous le poids de la tête de l'arbre;
l'écorce doit être lisse, luisante; les branches de la tête
fortes, à peu près égales et au nombre de deux ou trois,
disposées symétriquement autour de la tige. Les racines
seront conservées intactes, en les déplantant avec soin,
et non arrachées avec violence ou déchirées par le fer
de l'outil. Généralement, on n'apporte pas assez d'attention dans cette opération ; trop souvent les racines
sont mutilées ; on est obligé de les couper très-près du
collet, ce qui s'appelle *rapprocher*, et dès lors les
moyens d'absorption et d'alimentation étant insuffisants,
la reprise devient difficile.

Nous avons supposé que le cultivateur avait élevé ses
pruniers, ce qu'il devrait toujours faire par économie, et
d'ailleurs pour éviter les inconvénients des transports
et des retards plus ou moins longs de la plantation des
pruniers, après qu'ils ont été enlevés du sol où ils ont
été élevés. Mais cette pratique, si avantageuse sous
tous les rapports, est rarement suivie. Généralement,

le cultivateur va chercher dans les pépinières industrielles les arbres dont il a besoin. Il est dès lors indispensable qu'il sache bien choisir les arbres qu'il achète, et leur donner jusqu'au moment de la plantation, les soins que réclament leur santé et leur avenir.

Sans doute, comme on l'a dit, il faut éviter de choisir des arbres que l'on veut planter dans des terrains de qualités supérieures; évidemment, s'ils viennent à être replantés dans un sol maigre et pauvre, ils ne supporteront pas ce changement sans en souffrir; mais on ne pourrait pas espérer que de jeunes arbres étiolés, sans vigueur, sortant d'un terrain de mauvaise qualité qu'ils auraient occupé longtemps deviendraient bien vigoureux dans une terre d'aussi médiocre valeur. Il n'est pas permis de douter qu'un arbre vigoureux, pourvu d'organes bien constitués au moment de la replantation, ne triomphât mieux de l'épreuve qu'il a à subir dans ces conditions. Pour éviter toute exagération, disons qu'il faut, autant que possible, prendre des sujets venus dans des terrains de qualité ordinaire, mais parfaitement travaillés, et qu'avant tout il est nécessaire de choisir des sujets vigoureux et bien constitués.

L'arbre choisi et bien déplanté doit être replanté le plutôt possible, et ses racines ne peuvent, sans en souffrir, rester longtemps exposées au contact de l'air.

S'il doit voyager, il est nécessaire de l'envelopper de paille, qui le préserve de froissements et de chocs inévitables, et surtout de garnir ses racines de mousse qui les défend contre le froid et l'action desséchante de l'air.

Si, malgré les précautions prises, les arbres avaient souffert de la sécheresse pendant un long voyage, il faut les coucher au fond d'une fosse de 50 centimètres de profondeur, les recouvrir en entier de terre et les arroser, pourvu que le froid ne soit pas trop intense ; au bout de huit ou dix jours, il ont recouvré toute leur fraîcheur. S'ils ont supporté en voyage des froids rigoureux et qu'ils arrivent gelés, des précautions particulières sont à prendre : on ne doit les déballer qu'au dégel et les placer, en attendant, tout emballés dans un lieu clos. S'ils étaient flétris et ridés, on les placerait, au moment du dégel, dans la fosse dont nous venons de parler, en ayant soin que la terre bien ameublie, glissât entre les racines et les branches pour bien combler les vides.

Au moment de planter, on habille les racines, c'est-à-dire on rafraîchit à la serpette les coupes qui ne sont pas nettes, et on supprime toutes celles qui sont déchirées ou dégradées, en conservant toutes celles qui sont intactes et en donnant une longueur à peu près égale à leurs ramifications, pour préparer de bonne heure l'équilibre de la charpente. S'il se trouve une racine pivotante trop longue, il faut la *rapprocher*, la raccourcir, afin qu'elle produise des bifurcations traçantes qui s'enfonceront moins dans le sol et seront plus utiles à la fructification.

Les racines prêtes, on met l'arbre en terre à la place qu'il doit occuper. Pour cela, on fait un trou suffisant pour loger ses racines, de sorte que le collet soit *au niveau du sol ;* on place l'arbre dans ce trou, et on garnit avec la main chaque racine de terre parfaitement ameublie, de manière qu'il ne reste aucun vide entre les racines, qui doivent être également écartées entre elles et tout autour du pivot. Si l'on peut disposer de terreau bien consommé, il faut le mélanger parfaitement avec de la terre et en garnir les racines.

Il est inutile d'arroser lorsque les racines ont été bien soigneusement garnies de terre ; néanmoins, lorsque le temps est très-chaud ou le sol très-sec, un arrosement léger peut être utile. Aussitôt que les racines sont recouvertes de terre, on doit la saisir légèrement par dessus et tout autour par une douce pression du pied ; mais il faut bien se garder de piétiner autour de l'arbre et de comprimer fortement la terre sous le prétexte d'assujettir l'arbre ou de le redresser.

Nous le répétons, le collet de la racine doit être au niveau du sol, afin que ces racines soient placées dans les couches de terre, où elles trouveront tous les éléments de la nutrition de l'arbre.

Si donc l'arbre est planté dans un trou qui est comblé au moment même de la plantation, il est indispensable de tenir compte du tassement de la terre qui se fera après la plantation, et dont la hauteur varie, suivant la nature du sol, du dixième au cinquième de la profondeur du trou ; il faut, dans ce cas, tenir le collet de la racine *plus haut* que le niveau du sol de toute la hauteur présumée du tassement.

Si on a choisi un arbre dont la tige est très-forte, les tuteurs sont inutiles : il se tiendra droit et résistera à l'action du vent. Il suffit de dresser autour du collet de la racine, avec de la terre bien ameublie, une butte s'élevant de 0^m 25 ou à 0^m 30 au-dessus du niveau du sol autour de la tige, et allant mourir à la circonférence du trou, environ à 1 mètre de rayon.

Cette butte a le double avantage de protéger les racines contre les fortes chaleurs jusqu'après la reprise parfaite de l'abre, et d'assurer, en outre, la direction bien verticale de la tige.

Mais il arrive souvent que les arbres du commerce ont des tiges trop faibles pour se passer de tuteurs; il faut les soutenir et les dresser. Dans ce cas, on doit se garder, comme on le fait généralement, de planter tout à côté de l'arbre et à le toucher un pieu qui offre toutes sortes d'invénients. Ce tuteur, peu digne de son nom, déchire les racines lorsqu'on l'enfonce dans la terre, et prive de l'influence de l'air et du soleil tout un côté de la tige, sur lequel, d'ailleurs, il ne peut pousser aucune de ces petites branches dont nous aurons besoin, comme nous allons l'expliquer ; en outre, les insectes, les limaces, se logent autour des tampons de paille que l'on emploie pour bien attacher l'arbre au tuteur ; enfin le tuteur étant bien solidement fixé au sol et ne cédant pas à l'action du vent, il arrive que l'arbre, qui ne peut y résister à cause de sa tête, éprouve de continuels balancements, d'où résulte un frottement incessant de la tige contre le tuteur, frottement qui, en très-peu de temps, produit une plaie déchirée, dont l'arbre ne guérit quelquefois jamais. Ces tuteurs doivent donc être proscrits d'une manière absolue.

Si l'arbre ne peut s'en passer, il faut placer deux pieux ou échalas, plantés de chaque côté à 0ᵐ 25 de l'arbre (*Fig.* 1). Au milieu et dans le haut de la tige, on place deux traverses fixées aux pieux avec du fil de fer,

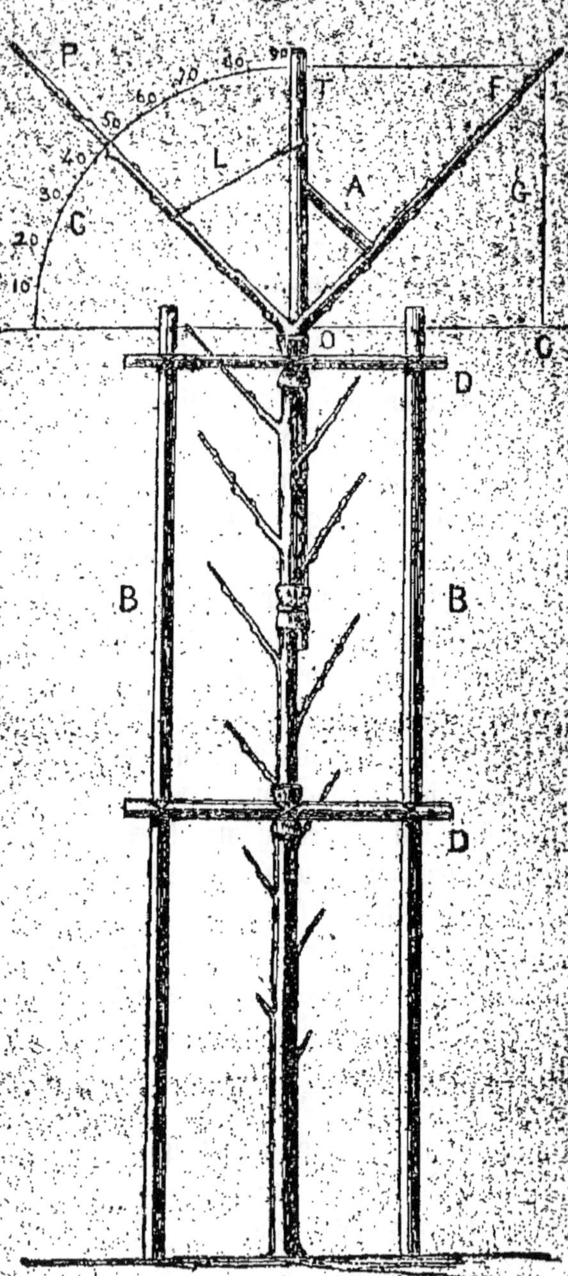

— 88 —
P
90°
80
70
60
50
40
30
20
10
T
L
A
F
G
G
O
C
D
B
B
D
Fig. 1.

et sur le milieu desquelles on attache la tige avec des
tampons de paille et des liens d'osier. On peut ainsi
soutenir et dresser une tige trop faible ; mais, aussitôt
qu'elle a pris une force suffisante, il vaut encore mieux les
supprimer. Si l'arbre avait à craindre des dégradations
par suite du passage des bœufs, des chevaux, des mou-
tons, etc., il serait prudent de faire à la tige une sorte
d'enveloppe avec des branches d'acacia, d'aubépine, etc.,
placées tout autour, à environ 0ᵐ 25 de la tige.

Ainsi planté, l'arbre doit être taillé ; mais pour que
tout ce qui se rapporte à la taille soit exposé d'une
manière suivie et non interrompue, disons quelques mots
des soins que l'arbre réclame pendant l'été. Il est utile
de préserver la jeune tige, pendant l'été, contre les
ardeurs du soleil ; dans ce but, on l'enduit au printemps,
avec un pinceau, d'une couche de bouse de vache délayée
dans de l'eau et mêlée avec de la chaux et de la terre
argileuse. Cet enduit, que les gelées de l'hiver font disparaître, maintient l'écorce dans un état de fraîcheur et
d'élasticité favorable à la circulation de la sève, et la
préserve des lichens et des insectes.

La terre, tout autour et au pied des arbres, doit
être constamment tenue propre et bien ameublie par des
binages superficiels pratiqués de manière à respecter
avec soin les racines, et assez fréquents *pour n'avoir
jamais d'herbes à couper*, suivant un vieil adage qui ne
doit pas être oublié. Ces binages répétés ont l'avantage
de rendre la terre plus légère, plus accessible aux gaz que
les racines doivent absorber ; en outre, ils conservent
l'humidité, qui s'évapore moins facilement, par des
motifs qu'il importe d'expliquer. L'eau monte du fond

de la terre à la surface par la capillarité, c'est-à-dire comme elle monterait au sommet d'un pain de sucre dont la base reposerait dans une assiette remplie d'eau. Si ce pain de sucre, au lieu d'être entier, était divisé en un très-grand nombre de morceaux superposés, de manière à conserver la même forme, mais à laisser entre eux des vides très-rapprochés, la capillarité aurait moins de puissance et l'eau monterait moins facilement au sommet. Le binage du sol, qui n'est autre chose qu'un morcellement de la terre, devient de la même façon un obstacle à l'action de la capillarité qui amène l'eau à la surface du sol, où elle s'évapore facilement. Il maintient l'humidité dans les couches inférieures, où les racines en profitent. C'est ce qu'explique un autre proverbe : *Binage ou sarclage vaut arrosage.*

Pour mieux conserver dans le sol cette humidité si nécessaire, il faut répandre tout autour et au pied de l'arbre, après avoir biné la terre avec soin, un paillis de fumier de cheval, d'une couche de 0^m 05, à 0^m 06. Ce paillis servira en quelque sorte de parasol aux racines, et, d'un autre côté, les engrais qu'il contient seront peu à peu entraînés par l'eau des pluies et mélangés au sol, qu'ils améliorent.

Malgré toutes ces précautions, les grandes chaleurs de l'été font quelquefois souffrir les arbres, et il est nécessaire d'arroser les jeunes tiges, qui seraient exposées à périr; mais ces arrosages, presque impraticables ou trop coûteux dans la grande culture, sont souvent nuisibles aux arbres à noyaux : ils ne doivent donc être employés qu'à la dernière extrémité, pour le prunier.

DE LA TAILLE

La taille des arbres fruitiers a pour but essentiel de
leur faire produire le plus de fruits possible sans nuire
à la santé des arbres, et d'obtenir ces fruits aussi beaux
et aussi bons qu'il soit permis de le désirer.

On arrive à ces résultats en donnant à l'arbre une
forme convenable, en constituant une charpente bien
équilibrée et en la garnissant sur toute son étendue de
branches à fruit.

La taille se divise donc naturellement en deux séries
d'opérations distinctes : la première consiste à tailler les
branches à bois de manière à établir une charpente
dont les diverses parties, symétriquement disposées, forment ordinairement ce qu'on a appelé *un vase, un
gobelet, un cul-de-lampe* : c'est la taille de la branche à
bois. La deuxième consiste à obtenir tout autour des
branches de charpente, à des distances égales, de petites
branches uniquement destinées à porter des fruits : c'est
la taille de la branche à fruit.

Pour simplifier les difficultés et éviter des redites inutiles, nous allons d'abord parler de la charpente.

La forme de la tête des tout-vents, qui nous paraît la plus facile à obtenir et la plus avantageuse sous tous les rapports, est celle d'un *entonnoir* conique, qui peut être constitué en quatre années de la manière suivante.

1re année. — L'arbre, une fois planté, doit être aussitôt taillé. La tige, dont la hauteur varie, suivant les espèces et suivant les pays, de 1^m 80 à 2^m 30 de hauteur, est ordinairement dépourvue de petites branches qui sont, par une habitude vicieuse, supprimées en pépinières. Si par hasard elle en est garnie, il faut les conserver avec soin et les tailler par les raisons suivantes : la sève s'arrête dans ces branches pour les nourrir, son cours étant ainsi moins rapide, dépose des éléments de nutrition le long de la tige, qui grossit plus vite. En outre, ces petites branches produisent des feuilles nombreuses qui servent à la génération des racines, assurent la reprise de l'arbre, et, protégeant la tige contre l'ardeur du soleil pendant l'été, conservent à l'écorce une souplesse et une élasticité très-favorables à la végétation (*Fig.* 2).

D'une autre côté, si en conservant ces petites branches, on ne les taillait pas, elles absorberaient trop de sève et nuiraient au développement de la tête de l'arbre.

Si donc on trouve des branches trop fortes le long de la tige, il faut les supprimer et tailler les autres à environ 0^m 12 centimètres ou 0^m 15 centimètres, afin de convertir ces branches en branches à fruits, comme nous

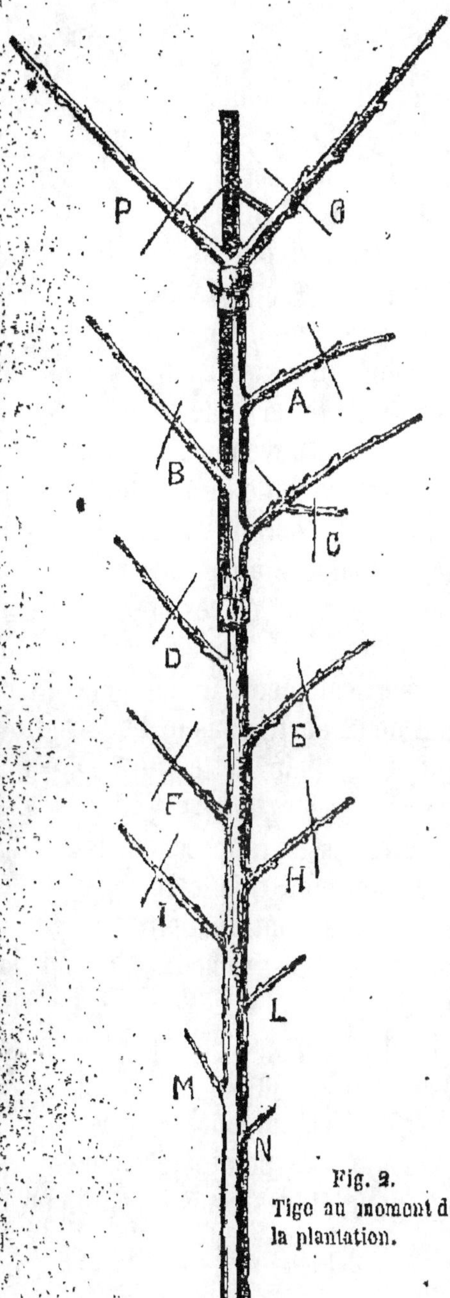

Fig. 2.
Tige au moment de
la plantation.

l'indiquerons plus loin. Dès lors les branches A et B sont taillées à 4 ou 5 yeux ; la branche C, qui, par un excès de vigueur, a produit un faux bourgeon, est taillée au-dessus de ce faux bourgeon qu'il vaut mieux conserver pour éviter une trop forte dépense de séve en pure perte. Les branches D, E, F, H, I sont taillées comme les deux premières. Il faut remarquer que les branches sont plus courtes à mesure qu'on descend. Enfin les branches L, M, N sont naturellement assez courtes : on ne les touchera pas. La partie inférieure de la tige doit être complètement mise à environ 0m 30 au-dessus du sol.

D'après ce qui précède, on comprend que si elle a été plantée sans être garnie de petites branches, il faut veiller attentivement à la conservation de celles qui pourront se développer pour les tailler l'année suivante, à moins que cette tige soit déjà vigoureusement constit...

Formation de la tête. — Cette tête doit former un entonnoir ou cône creux renversé. On choisit pour cela un arbre qui ait au moins deux branches opposées vers la tête. S'il n'en avait qu'une, on la taillerait à deux yeux qui l'année suivante seraient devenus ces deux rameaux nécessaires pour la première taille de la tête.

Ces deux branches O, P, seront taillées à 0m 08 ou 0m 10 de longueur, de manière à conserver autant que possible les deux yeux les plus élevés en dessous, afin que les bourgeons auxquels ils donneront naissance ne se dirigent pas trop verticalement. La coupe sera faite avec la serpette, qui ne meurtrit pas le bois comme le sécateur, et produit une plaie nette qui se recouvre facilement dans l'année.

Cette coupe doit être assez rapprochée de l'œil au-dessous, dit *œil de taille*, pour que le bourgeon auquel il donnera naissance soit la continuation de la branche, sans qu'il reste un onglet disgracieux, et cependant assez éloigné de cet œil pour qu'il ne puisse souffrir du voisinage de la plaie et ne soit pas *éventé*. Pour se tenir dans des limites convenables, la coupe doit être également oblique, de manière à commencer vis-à-vis le bas de l'œil et à finir vis-à-vis la pointe de ce même œil. Dans ces conditions, l'onglet très-court disparaît ordinairement.

Une fois taillées, les branches seront dressées assez obliquement pour faire avec l'horizon un angle de 45 degrés. Voici ce qu'on entend par là (*Fig. 1*) :

Un tuteur est solidement attaché à l'arbre avec des tampons de paille et des liens d'osier, sur une longueur de 0ᵐ 66 à 0ᵐ 80 seulement au-dessous de la tête de l'arbre, et de 0ᵐ 50 au-dessus. Il doit servir à écarter de la direction verticale, représentée par ce tuteur lui-même, au moyen d'un arc-boutant A, la branche G, qui ne s'en éloignait pas assez, par suite de sa trop grande vigueur, et à rapprocher avec un osier L la branche P, qui, plus faible, s'en éloignait beaucoup trop.

Supposons que du point O pris comme centre avec un rayon égal à la longueur de la portion du tuteur qui est au-dessus, OT, on trace à gauche un quart de circonférence jusqu'à la rencontre d'une ligne horizontale passant par le point O. En divisant ce quart de circonférence par 90 parties égales appelées degrés, on trouvera au milieu le 45ᵉ degré. Si donc on dirige et on maintient la branche P de manière qu'elle passe par ce point, elle sera placée sous un angle de 45 degrés avec l'horizon.

On arriverait au même résultat en supposant une girouette carrée T O C F attachée au tuteur au-dessus du point O, et en dirigeant la branche G dans le sens de la diagonale OF.

Nous avons supposé, ce qui arrive assez ordinairement, que les deux branches qui vont commencer la tête de l'arbre sont peu inégales. Dans ce cas, la direction qui vient de leur être donnée rétablira probablement l'équilibre, sur lequel il faut veiller avec la plus grande attention. Si on craignait que le dressage ne suffît pas, il faudrait redresser un peu plus la branche faible et éloigner davantage la branche forte. Si la différence de grosseur était plus considérable il faudrait relever la plus faible dans la direction verticale et abaisser la plus forte presque horizontalement ; mais, en général, il faut autant que possible ne pas fatiguer inutilement l'arbre, surtout dans la première année, par des opérations trop répétées ; presque toujours une bonne direction donnée aux branches suffit pour assurer l'équilibre de la végétation dont on ne saurait surveiller avec trop d'attention les progrès. Aussitôt que les branches ont la même grosseur, il faut les replacer dans la même direction de 45 degrés.

Pendant toute l'année, les deux bourgeons qui seront formés par les deux yeux les plus élevés sur chaque branche, autrement dit les deux bourgeons de bifurcation seront conservés avec soin ; les autres au-dessous seront pincés pour devenir des branches fruitières. A la fin de l'été, la tête de l'arbre aura ainsi quatre branches, par suite de la bifurcation de chacune de deux branches de la première taille.

Si par hasard, au lieu d'un bourgeon, il en sortait deux ou trois sur le même point, provenant de l'œil et des sous-yeux, il faudrait conserver pour la charpente le plus vigoureux et le mieux placé, et supprimer tous les autres très-proprement avec la serpette : c'est l'*ébourgeonnement* qui se pratique dès le printemps.

2° année. — La taille de la deuxième année doit se faire, en général, après les grands froids, au moment où la végétation va commencer ; cette taille a surtout pour objet la formation ou la continuation de la charpente : on la désigne sous le nom de *taille d'hiver* ou *taille en sec*. Il serait cependant bien difficile aux cultivateurs qui possèdent une grande quantité d'arbres fruitiers d'attendre l'époque la plus favorable. Ils sont forcés de commencer plus tôt la taille d'hiver ; mais ils doivent éviter de la faire pendant les fortes gelées, qui occasionneraient des coupes déchirées, et, en outre, pourraient frapper de mort l'extrémité taillée et compromettre en même temps la vie de l'œil le plus voisin. Il faut remarquer cependant que dans le midi et le sud-ouest de la France, ces accidents sont peu à redouter, et qu'on peut ordinairement, dans ces contrées, tailler sans inconvénient à partir du mois de novembre.

D'après ce que nous avons dit sur la taille de la première année, il est facile de pressentir que le *vase ou entonnoir* qui formera la tête de l'arbre sera constitué par les bifurcations successives des deux premières branches et de celles qui en naîtront. Chacune de ces deux *branches mères* doit donc donner naissance à une sorte d'éventail dont la surface courbe représentera celle de la moitié d'un cône renversé ; les deux éventails rapprochés formeront le *vase*. Il suffit par conséquent de décrire les opérations à pratiquer sur un des éventails ; elles seront les mêmes pour l'autre. La figure sera plus facile à comprendre en ne représentant qu'un éventail vu de face, tandis que le dessin placé au-dessus, représentant l'arbre vu à vol d'oiseau, figurera toute la charpente. Soit donc T S la tige de l'arbre. La branche mère 1 fournit la première bifurcation qui commence l'éventail, dont les deux rameaux 2, 2 doivent être taillés la seconde

année. On les coupe à 0ᵐ 45, ou même à 0ᵐ 55, en ayant
soin, autant que possible, de laisser les yeux de taille

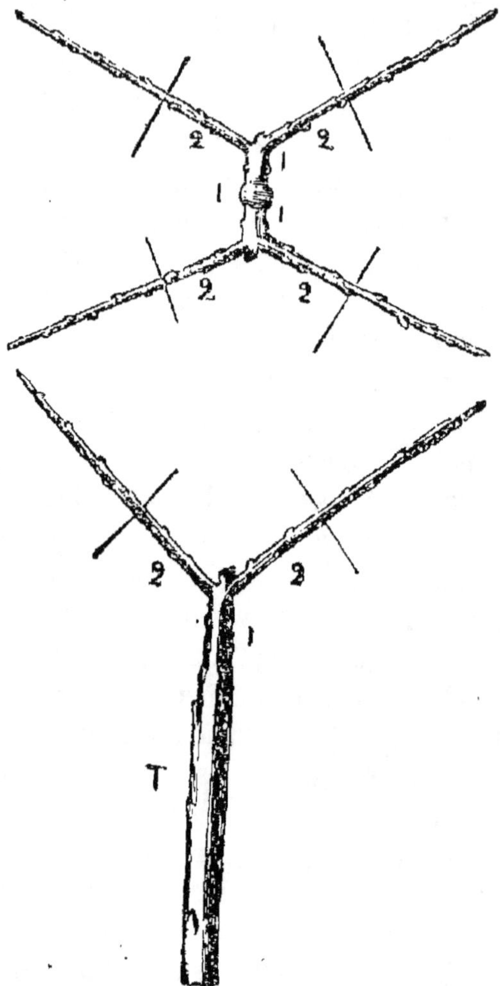

Fig. 3. — 2ᵉ année.

sur les côtes et un peu en dessous ; on a ainsi à tailler
les 4 rameaux 2, 2, 2, 2.

On s'assure que les extrémités de ces rameaux raccourcis sont toutes à peu près au même niveau. S'il n'en est pas ainsi on abaisse les plus hautes avec des arcsboutants appuyés contre le tuteur, sur lequel on fait une encoche pour plus de solidité : l'arc-boutant doit être lui-même taillé par un bout en lame carrée, pour se loger dans l'encoche, et par l'autre bout en croissant évidé, pour embrasser le rameau qu'il doit éloigner de l'arbre sans le blesser.

On rapproche, au contraire, de l'axe de l'arbre les rameaux trop bas, avec des osiers très-flexibles, attachés au tuteur, en ayant soin de ne pas étrangler le rameau, dont la végétation serait gênée par une ligature un peu serrée.

Il faut en outre, dans ce dressage des branches de charpente, veiller à ce que les rameaux de bifurcation soient tous les deux à égale distance de l'arc de la branche mère I, et que leur plan soit sous un angle de avec l'horizon, c'est-à-dire que l'éventail, en s'élargissant par la naissance des nouveaux rameaux, reste toujours dans la direction de la branche mère.

Quelquefois les deux rameaux de bifurcation sont placés l'un en haut et l'autre en bas, au lieu d'être l'un à droite et l'autre à gauche. Il est facile de remédier à cette direction vicieuse. Il suffit de fixer solidement, avec de l'osier, un petit tuteur entre les deux rameaux de bifurcation et à leur naissance, de manière que ce tuteur, lié par une de ses extrémités et formant l'équerre avec la branche bifurquée, puisse devenir un levier dont l'autre extrémité libre sert à ramener les deux rameaux de bifurcation mal dirigés dans la position latérale qu'ils doivent avoir; on fixe ensuite ce levier au tuteur avec un osier. Au bout de très-peu de temps, la branche mère qui a été ainsi tordue sur son arc a pris le pli et n'a plus besoin de tuteur. Quelquefois on est obligé de ne redresser la branche mal dirigée que graduellement et par fractions successives; en voulant trop la tordre du premier coup on risquerait de la déchirer.

Au printemps, chaque branche produit plusieurs bourgeons; on conserve avec soin les deux supérieurs, qui sont destinés à fournir une nouvelle bifurcation, et on traite tous les autres au-dessous de manière à les convertir en branches fruitières, comme nous le verrons plus loin.

Il peut arriver que l'un des bourgeons de bifurcation pousse peu, qu'il n'atteigne qu'une longueur de 0m 30 et se termine par un bouton. Évidemment il ne pourra pas être taillé; on devra seulement recourir aux moyens convenables pour lui donner de la vigueur; en outre lorsque le bouton sera ouvert et la fleur épanouie, on supprimera avec précaution, et on conservera soigneusement un jeune bourgeon produit par un œil qui, dans cette circonstance, accompagne toujours la fleur; ce bourgeon deviendra dès lors une branche de bifurcation, tandis que l'œil au-dessous formera l'autre.

3e année. — Chaque éventail a maintenant 4 rameaux (*fig.* 4) 3, 3, 3, 3. Chacun d'eux doit être taillé comme l'ont été les branches 2, 2 l'année précédente, de manière à obtenir sur chacune une nouvelle bifurcation; en même temps, pendant le printemps et l'été, tout le long de ces branches 3, 3, 3, 3, de petites branches à fruit se forment naturellement ou avec le secours du pince-

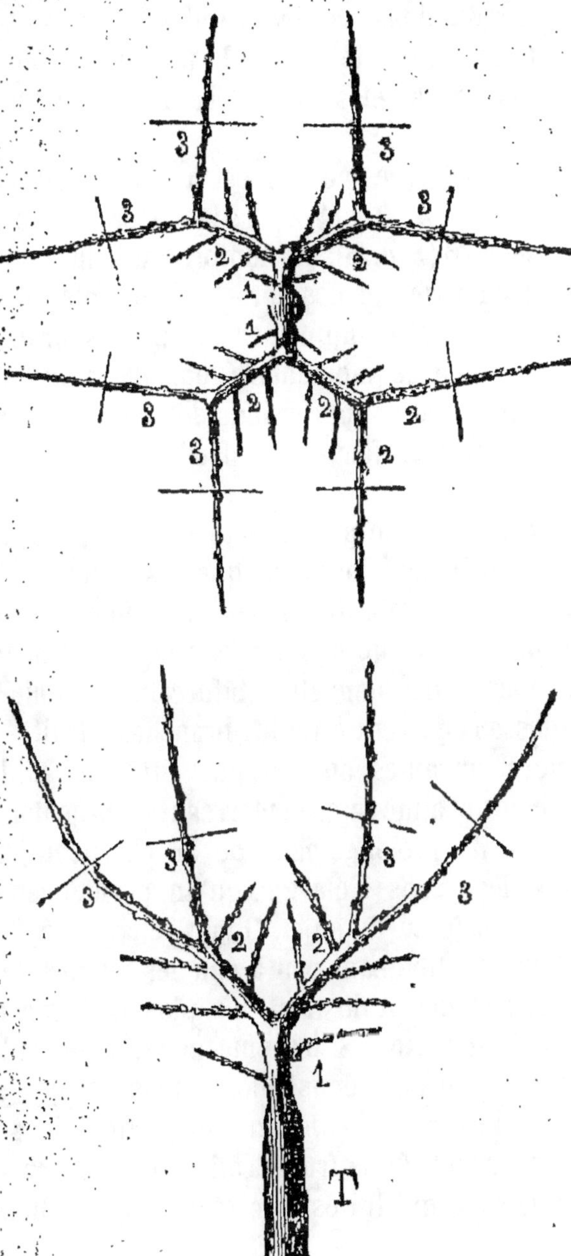

Fig. 4. — 3° année.

ment ; les productions fruitières qui sont au-dessous, sur les branches 2, 2 et le long de la tige, ont commencé à donner des fruits, et sont taillées ainsi que nous le dirons plus loin.

4° année. — Chaque éventail est à cet âge composé de 8 branches 4, 4, 4, 4, 4, 4, 4, 4 ; la tête de l'arbre en a par conséquent 16 (*Fig.* 5) ; ce nombre est suffisant pour former un beau vase ; et dès lors la charpente est terminée. On peut alors supprimer les petites branches conservées jusqu'à ce moment le long de la tige : les plaies résultant de ces suppressions doivent être recouvertes de mastic à greffer, pour faciliter la cicatrisation.

Quant aux rameaux de la charpente 4, 4, 4, 4, 4, 4, 4, 4, on les taille à la même longueur que les années précédentes, mais sur un œil, tout à fait en dehors du vase, et on ne conserve plus qu'un bourgeon pour continuer la charpente, mais sans nouvelles bifurcations ; tous les autres au-dessous doivent être des branches à fruit.

Les années suivantes on continue ainsi, en taillant même plus court chaque rameau nouveau, pour ne donner aux branches de prolongement de la charpente, qui désormais s'élève sans s'élargir, qu'un développement proportionné à la force du sujet. Il faut remarquer d'ailleurs que l'arbre atteignant peu à peu les limites de sa croissance et produisant du fruit, n'a plus ses branches à bois aussi vigoureuses. Si les pincements et les tailles des branches à fruit dont nous allons nous occuper ont été pratiquées avec soin, la plus grande partie de la sève se dépense au profit de la fructification, et la charpente n'absorbe que celle qui lui est nécessaire pour se main-

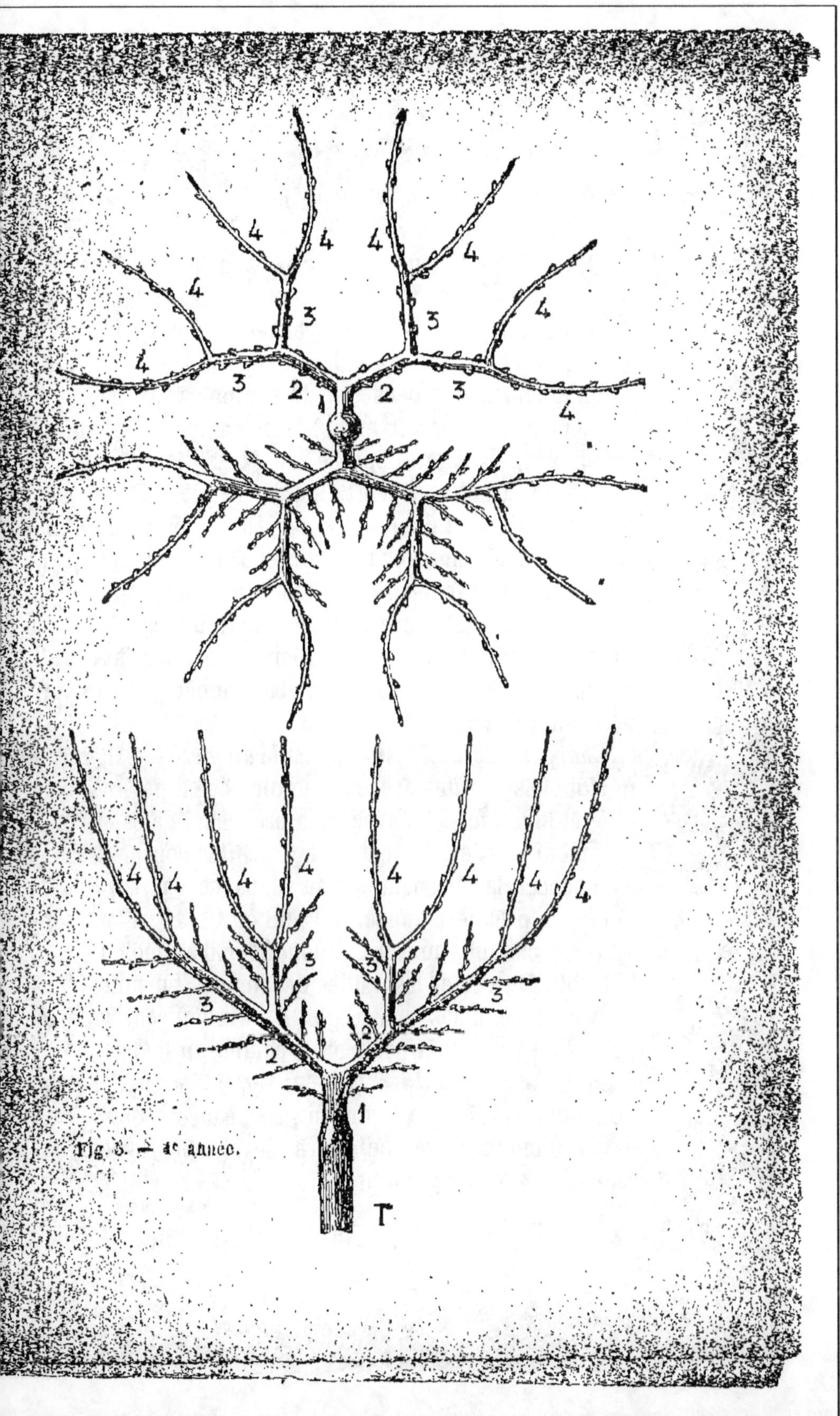

Fig. 8. — 4e année.

tenir dans un état de vigueur indispensable à la vie de
l'arbre.

Quelquefois cependant, soit par suite de la richesse du
sol, soit à cause de la constitution robuste du sujet, les
branches de prolongement prennent un développement
considérable. Si on les taillait trop court, il arriverait
infailliblement que beaucoup de boutons s'emporteraient
en bourgeons. Il vaut mieux alors tailler plus long, et,
lorsque la sève aura dépensé son excès d'énergie, à l'é-
poque de la taille en vert, supprimer le bourgeon de
prolongement et tailler soit sur un faux bourgeon qu'il a
produit, soit même sur un bourgeon du même âge placé
au-dessous. On choisira dans les deux cas, autant que
possible, un bourgeon placé en dehors du vase, et on le
dressera, au besoin, sur un tuteur, de manière à ce qu'il
prenne exactement la position abandonnée par le bourgeon supprimé.

Charpente établie sur trois branches. — Il arrive
quelquefois que des arbres bien dirigés en pépinière ont
une tête bien formée, avec trois branches égales et régu-
lièrement placées. On peut très-bien les conserver pour
commencer la charpente; mais dans ce cas, au lieu de
tailler, la première année, à 0^m 08 ou 0^m 40, il faut conserver à chaque rameau une longueur d'au moins 0^m 40
à 0^m 50. Du reste, les tailles des années suivantes doivent être soumises aux règles déjà indiquées; la charpente sera constituée par trois éventails, au lieu de deux.
Il en résulte qu'à la 4e année, il y a 24 branches de
prolongement, ce qui forme un vase beaucoup plus large.
Il faut donc réserver ce genre de charpente pour les
espèces les plus vigoureuses.

Charpente établie sur quatre branches. — On peut enfin rencontrer des sujets avec quatre branches de tête parfaitement placées et régulières qui pourraient servir de point de départ à la charpente ; il faudrait dans ce cas, tailler la première année à 0^m 50 ou 0^m 60 suivant les espèces et l'on aurait l'avantage d'avoir la tête formée à la 3e année. Mais il serait nécessaire de s'assurer que la tige a pris un développement suffisant pour supporter sans fléchir une tête aussi vite terminée.

Nous avons décrit avec détails la formation de la charpente d'un prunier à tout vent, avec une symétrie parfaite dans toutes ses parties ; mais les soins qu'elle exige ne peuvent guère s'appliquer qu'à des arbres de vergers bien tenus ; dans la culture des champs il serait impossible d'obtenir ce résultat sans une dépense considérable, hors de toute proportion avec les produits qu'on doit en attendre. Il est donc indispensable de diminuer le travail et de renoncer à des formes aussi parfaites. Il suffit, pour cette culture, de dresser les arbres pendant les trois ou quatre première années, en donnant à leur tête la forme d'un vase qui se rapprochera le plus possible de celui que nous avons décrit ; puis, les années suivantes, on supprimera avec soin tous les *gourmands* qui se produisent dans l'intérieur, de manière à tenir constamment *vide* le milieu du vase, afin que l'air, la chaleur et la lumière puissent y pénétrer librement, et on veillera soigneusement au maintien de l'équilibre de la charpente en *rapprochant* les branches qui prendraient trop de développement.

Dans les jardins on peut donner au prunier la forme d'une *pyramide*, ou plus exactement d'un *cône*.

1re *année*. — Le bourgeon né d'une greffe placée au pied de l'arbre doit être taillé à environ 0m 50. le bourgeon terminal prolonge la tige et, se dirigeant verticalement, devient *la flèche*; au-dessous, tout autour du rameau, poussent des bourgeons latéraux, dirigés obliquement et constituant les branches de la charpente destinées à être garnies de branches à fruit. Ces rameaux seront taillés sur un œil en dessous, les plus forts, en conservant environ les trois quarts de leur longueur, et les autres au-dessus, de plus en plus courts, de telle sorte que l'ensemble de la charpente ressemble à un *cône*; après la taille, les rameaux seront dressés sous un angle de 45° avec l'horizon, et à une distance égale les uns des autres.

L'année suivante on taille la flèche à la même longueur que l'année précédente, mais sur un œil placé du côté opposé à celui de la dernière taille, afin que le bourgeon qu'il produira revienne exactement sur l'axe de la tige, dont la taille précédente l'avait un peu éloigné. Pour obtenir une direction parfaitement verticale du bourgeon de la flèche, il suffit, au moment où il va pousser, d'appliquer par le milieu et de maintenir avec un jonc contre l'œil de taille un conducteur formé d'une petite gouttière longue de 0m 05 et de 0m 01 à 0m 15 : un roseau fendu en deux dans sa longueur, une jeune tige de sureau ou tout autre bois à moelle abondante sert à faire ce conducteur qui force le bourgeon à monter droit sans avoir fait d'équerre, et évité ainsi de disgracieuses *baïonnettes*. Les branches latérales seront taillées comme celle de la première année, en ayant soin de supprimer celles qui apporteraient de la confusion dans la charpente ; il faut pour cela qu'il y ait toujours au moins 0ᵐ 30 d'intervalle d'une branche latérale à celle qui est placée *au-dessus* sur la même ligne verticale. Il vaudrait même mieux augmenter cette distance que la diminuer, afin que les branches à fruit soient toutes parfaitement libres.

Pendant la belle saison, on veille sur la végétation de l'œil de taille et des branches latérales, et on pince, suivant les besoins qui se produisent, les autres bourgeons pour en faire des branches fruitières. Il faut remarquer, en passant, que ces branches latérales ne doivent *pas se bifurquer*.

Quant aux bourgeons qui poussent autour de la flèche, on les conserve pour faire de nouvelles branches de charpente, en supprimant tous ceux qui seraient trop rapprochés.

En continuant ainsi tous les ans à prolonger *graduellement* la flèche et à la garnir de branches latérales de plus en plus longues, on obtient au bout de quelques années une *tête en cône* qui ressemble assez exactement à un pain de sucre dont la base égalerait à peu près le tiers de la hauteur.

Telles sont les indications à suivre pour obtenir une charpente *conique* parfaitement constituée.

Elle n'est proposée que comme modèle théorique, dont il faut se rapprocher le plus possible dans la pratique. Si donc un vide se produisait dans la charpente, ou qu'à côté une branche latérale présentât une bifurcation, par suite de la végétation vigoureuse d'une branche à fruit poussée à bois, il faudrait en profiter pour remplacer la branche détruite.

On peut encore donner aux pruniers les formes destinées à l'espalier, surtout dans la région du Nord, où les conditions de chaleur qui conviennent à cette espèce fruitière pourraient faire défaut. On plante alors contre les murs et à environ 0ᵐ 50 ou 0ᵐ 80, de jeunes scions d'un an, avec lesquels on forme des cordons verticaux ou obliques, garnis d'un bout à l'autre de branches fruitières.

Les palmettes simples, doubles, avec toutes les variétés de formes employées pour le poirier et le pêcher, peuvent également être constituées avec des pruniers. Le prunier Reine-Claude surtout, s'accommode bien de l'espalier, où ses fruits, contrairement à ceux de l'abricotier, acquièrent des qualités qu'ils n'ont pas en plein vent.

Nous n'entrerons pas dans les détails de la formation de ces charpentes, généralement aujourd'hui bien connues et dont on trouverait au surplus la description dans tous les traités d'arboriculture.

Étudions plutôt la formation et la taille des branches à fruit.

BRANCHES A FRUIT

Le pêcher donne ordinairement ses fleurs sur le rameau de l'année précédente. Le poirier met trois ans pour transformer l'œil en *dard*, puis en *lambourde*. La fleur du prunier vient dès la *seconde* année. Voici comment se comportent à la seconde année les yeux d'un bourgeon d'un an. Comme nous l'avons expliqué dans notre petit livre de culture des arbres fruitiers à tout

vent, la sève monte rapidement à la partie la plus élevée
des branches, où elle produit son plus grand effort, dans
ce sens que là où elle arrive en plus grande abondance,
les yeux se développent à bois, et là où elle s'arrête
peu, ils poussent peu et se transforment en boutons à
fleur. Il suit de là que dans un rameau d'un an, les yeux
du sommet se transforment en bourgeons très-allongés,
ceux du milieu en brindilles plus courtes et ceux de la
base en un petit bouquet de 2, 3 ou 4 dards, qui donneront des fleurs, bouquet terminé par un petit œil à
bois, destiné à continuer la branche fruitière. Cette
marche naturelle de la végétation indique les règles de
la taille de ces diverses productions fruitières ; il n'y a
rien à faire aux dards de la base : on pince à peine les
brindilles du milieu, et on raccourcit les bourgeons du
haut. Ces opérations produisent le résultat suivant : les
dards fleurissent et fructifient en bas, les brindilles du
milieu se garnissent de dards à leur base et poussent
quelques bourgeons à leur extrémité ; les bourgeons
du haut se garnissent à leur base de quelques dards
et de brindilles, enfin l'*œil terminal du rameau* destiné
à continuer la charpente, recevant le plus grand effet de
la sève que l'on a arrêtée dans les brindilles et les bourgeons par le pincement de la taille, s'allonge avec vigueur
et devient un bourgeon de charpente qui l'année suivante se comportera comme celui que nous venons d'étudier.

Toute la taille des branches fruitières consiste donc
à provoquer sur les branches de charpente la formation
de branches à fruit. Mais une pratique aussi minutieuse
ne peut s'appliquer d'une manière suivie qu'aux arbres

de vergers parfaitement dressés. La culture des champs ne comporte pas des soins aussi dispendieux. Le prunier, du reste, se met naturellement à fruit ; toute la charpente se couvre de brindilles qui d'elles-mêmes se garnissent de dards, et souvent même, surtout dans les arbres arrivés à leur complet développement, de rameaux très-courts entourés de feuilles très-rapprochées formant une rosette, au milieu de laquelle les boutons qu'elle renferme constituent ce qu'on appelle *un bouquet de mai*.

En résumé, la taille pratique de la grande culture se réduit à la formation d'une charpente symétrique et bien équilibrée d'un vase dont toutes les branches doivent être garnies de branches fruitières. Le cultivateur peut ensuite abandonner l'arbre à lui-même en ayant soin toutefois de le visiter chaque année pour supprimer les *gourmands*, à moins qu'ils ne soient nécessaires pour remplacer des branches mortes ou languissantes, et pour raccourcir les branches à fruit qui prendraient trop de développement. Du reste, en diminuant la production fruitière, on obtient des fruits plus beaux, et l'avantage d'une qualité supérieure compense largement la diminution de la quantité en poids de la récolte.

Si les pruniers sont plantés entre deux rangs de vigne, les pampres s'élancent dans les branches de l'arbre auxquelles ils s'accrochent et, dépassant même sa tête, le fatiguent par leur poids et par l'ombre dont ils couvrent les fruits. Il est indispensable et bien facile de raccourcir les pampres aux premières branches du prunier sur lesquelles elles s'appuient pour monter plus haut.

Ajoutons pour terminer ce qui se rapporte à la taille, que la serpette est l'instrument dont il faut se servir de

préférence, parce que le prunier est sujet à la gomme
et que la scie qui fait des plaies par déchirement pourrait produire facilement cette maladie.

DES ENGRAIS.

Lorsque les pruniers languissent et que la production
diminue, il est nécessaire de ranimer la végétation par
des engrais ou des amendements que l'on emploie à l'automne. Les plus durables sont des curures de fossés,
des mottes de gazon mêlées d'avance en tas, et réduites
en une sorte de terreau par la fermentation, la gelée,
la chaleur, les pluies et les influences atmosphériques.
D'ailleurs les fumiers de toute espèce et les terreaux de
ferme et de basse-cour peuvent être utilisés avec avantage; une terre argileuse écobuée et puis répandue
sur la litière des étables, où elle s'imbibe très-facilement
de purin à cause de son hygrométricité, forme un fumier
riche et compacte, excellent pour le prunier. Ces engrais
répandus autour de l'arbre sur une surface circulaire
d'au moins 1^m 50 de rayon, sont ensuite, au moyen
d'un binage profond, mélangés avec la terre; et plus
tard l'eau des pluies dissout et fait pénétrer peu à peu
jusqu'aux racines les principes fertilisants.

MALADIES ET INSECTES NUISIBLES.

Le prunier, quoique vigoureux, est, comme tous les
arbres fruitiers, sujet aux maladies occasionnées soit

par les agents extérieurs, soit par des vices de constitution.

Les gelées tardives du printemps sont fatales à sa fleur et à son jeune fruit. L'année dernière, en 1873, toute la récolte a été détruite par une forte gelée du 27 avril; aussi les prix ont-il atteint jusqu'au chiffre de 10 francs le kilo pour les fruits les plus beaux.

La grêle porte un préjudice considérable au fruit, qui reste, après la cuisson, taché et par conséquent de qualité inférieure. L'arbre lui-même, frappé par des grêlons abondants et forts, en souffre un dommage considérable et quelquefois même peut en périr. Les brouillards épais du printemps, auxquels succèdent des coups de soleil brûlants, dont nous avons déjà parlé, sont aussi très-funestes à la récolte. Les grands vents fatiguent beaucoup le prunier, dont ils brisent les branches assez fragiles, et dessèchent et font tomber les fleurs.

La *brûlure* résulte d'une insolation ardente et prolongée qui dessèche les jeunes branches et quelquefois l'arbre tout entier.

Pour toutes ces maladies il est difficile d'indiquer un remède autre que des conditions générales d'hygiène qui premettent à l'arbre de résister plus efficacement à ces atteintes, produisant elles-mêmes souvent comme effet consécutif, une maladie interne qui peut aussi se manifester spontanément par suite d'un vice de constitution, nous voulons parler de *la gomme*, qui attaque d'ailleurs tous les arbres à fruits à noyau.

La *gomme* est une sécrétion pathologique qui déchire l'écorce des bourgeons, des rameaux et même des grosses branches et du tronc pour se répandre à leur surface

Il en résulte une plaie qui s'agrandit, altère les tissus et finit par dessécher et détruire la partie placée au-dessus.

La *gomme* se produit plus fréquemment sur les arbres plantés dans des terrains humides, mais elle peut résulter aussi d'une taille trop courte et trop sévère. Ici la cause du mal en indique le remède; mais souvent la *gomme* apparaît sans cause bien déterminée: le feuillage prend la teinte vert jaunâtre des arbres chlorotiques; l'arbre languit, les fruits restent petits et tombent avant la maturité. Dans ce cas il est avantageux d'a-jouter aux engrais qui doivent être répandus au pied de l'arbre et enfouis dans la terre, une petite quantité de sulfate de fer dissous dans de l'eau, avec laquelle on arrose le sol. La branche attaquée de la gomme doit être supprimé si elle est petite, si la branche est forte, la plaie produite par la gomme est enlevée avec un instru-ment bien tranchant, on la sèche en la frottant avec des feuilles d'oseille, du vinaigre, de l'encre et mieux encore avec une dissolution concentrée de sulfate de fer, et on l'enduit avec du mastic à greffer. Quant aux mousses et aux lichens qui recouvent les branches et le tronc de l'arbre et trahissent sa langueur et son dépérissement, il est essentiel et facile de les détruire pour faciliter les fonctions de l'écorce; il suffit de les enduire à l'automne avec un lait de chaux, comme on badigeonne un mur; si l'aspect de cet arbre ainsi blanchi paraissait déplaisant, on peut se contenter de l'eau de chaux, qui est incolore et produit à peu près le même effet. Les mousses et les lichens tombent par l'effet des gelées en même temps que la chaux, qui en

outre, a l'avantage de détruire une masse de petits
insectes logés dans les fissures de l'écorce.

Mais d'autres insectes, plus redoutables, dévorent les
jeunes bourgeons et les fruits mêmes du prunier : ce
sont les chenilles et surtout celles désignées sous le
nom de *Bombyx cul brun*, de *Bombyx aurifluc* ou *cul
doré* et de *Bombyx livrée*.

Les deux premières chenilles éclosent dans le mois
d'août d'œufs déposés sur les feuilles. Dès leur naissance
elles se filent un abri, pour vivre en société dans une
tente commune qu'elles préparent à l'extrémité des
branches pour y passer l'hiver, dont elles bravent les
rigueurs. Au printemps elles quittent leur retraite pour
commencer leurs ravages et dévorer les jeunes bourgeons et les feuilles jusqu'au mois de juin, où elles se
transforment en chrysalides.

La *livrée* est la plus connue et la plus nuisible. Tous
les arboriculteurs connaissent ses bagues ou bracelets
larges d'environ un centimètre, formés d'œufs déposés
en spirale autour des petites branches. C'est celle qui
a provoqué la loi sur l'échenillage, loi qui semble
condamnée à rester platonique, et cependant la livrée
qui ne vit pas en société est très-difficile à détruire. On
n'a employé jusqu'ici que la suppression au moyen de
l'échenilloir des branches garnies de ces rameaux
d'œufs faciles à distinguer ou de ces feuilles sèches
reliées par des soies qui cachent les chenilles, ou bien
l'aspersion avec des pompes à lance d'eau savonneuse
qui tuent les chenilles ou du moins les font tomber à
terre, en les empêchant de remonter au moyen d'une
zone de goudron dont on enduit la tige de l'arbre fruc-

du sol. On a essayé aussi avec succès des vapeurs sulfureuses dont l'application offre des difficultés.

Un moyen nouveau qui n'est encore qu'à l'état d'expérience pourrait rendre de grands services. Un médecin espagnol s'occupant des applications de liquides pulvérisés, a eu l'idée d'essayer par ce moyen la destruction des chenilles. On sait qu'un liquide fortement comprimé dans un récipient et sortant par une ouverture capillaire disposée d'ailleurs d'une façon particulière se transforme en une vapeur à peine visible, en quelque sorte, une poudre liquide, qu'on a utilisée en médecine pour faire pénétrer dans le poumon en la faisant respirer aux malades, des agents médicamenteux. Si donc on dissolvait dans de l'eau un poison capable de tuer les chenilles sans nuire à l'arbre ou au fruit, il serait facile de pulvériser cette eau, en dirigeant sur tous les points où il y aurait des chenilles, la vapeur qui les tuerait en pénétrant partout facilement : l'opérateur ferait jouer au-dessus et autour de l'arbre la pompe à compression; un aide porterait au bout d'une perche un petit réservoir contenant le liquide insecticide, relié à la pompe par un tube en caoutchouc qui transmettrait la compression sur l'eau à pulvériser, et en présentant aux diverses parties de l'arbre le jet d'eau pulvérisée, on ferait pénétrer partout le nuage destructeur des chenilles. Ce moyen à étudier pourrait être très-efficace, et quoique au premier abord il paraisse d'une application un peu compliquée, nous pensons qu'il pourrait entrer dans la pratique. Le dommage produit par les chenilles est considérable, et la conservation d'une récolte, qu'elles compromettent souvent, vaut bien la peine de quelques efforts pour détruire ses ennemis.

DE LA RESTAURATION DU PRUNIER.

Le prunier atteint son maximum de vigueur et de production de 15 à 20 ans. Passé cet âge, le prunier cesse de se développer, ses bourgeons annuels s'allongent moins, quelques branches se dessèchent, les fruits sont moins nombreux et acquièrent un moindre volume, en un mot le prunier languit et doit être rajeuni. C'est le moment surtout d'employer de bons engrais, d'excellent terreaux pour ranimer sa constitution, et en même temps de raccourcir les branches à fruit pour diminuer une fructification épuisante.

Si des branches gourmandes ont été oubliées ou ménagées pour la restauration, on les utilise en constituant une nouvelle charpente qu'on doit développer progressivement à mesure qu'on diminue de plus en plus l'ancienne incapable de produire de bons résultats. On arrive ainsi à refaire à nouveau des arbres rajeunis qui peuvent donner d'abondantes récoltes pendant de longues années.

Mais quand le prunier, trop vieux, ne produit plus que des récoltes peu rémunératrices, il ne faut pas hésiter à le supprimer et à laisser pendant quelques années la place vide ou occupée par d'autres cultures. Un autre prunier y viendrait mal, à moins qu'on ne creusât largement une fosse où l'on apporterait une terre vierge.

DEUXIÈME PARTIE

RÉCOLTES DES PRUNES

La prune mûre est recouverte d'une sorte de poussière glauque qu'on appelle sa *fleur*, à laquelle le commerce attache une valeur pour les fruits de table.

La cueillette doit donc en être faite avec précaution, à la main, lorsque la chaleur du jour a dissipé l'humidité de la nuit. Un léger mouvement de torsion à la queue, qui doit rester adhérente au fruit, suffit pour le détacher de l'arbre. On porte alors ces fruits au fruitier, où quelques jours d'attente complètent sa maturité et lui donnent une saveur plus sucrée et plus agréable.

Quant aux prunes vertes, et surtout la Reine-Claude qui est expédiée en quantités considérables à Paris, pour la confiserie, qui les transforme en prunes à l'eau-de-vie, au sirop, marmelades, pâtes, etc., ou bien en Angleterre où elles sont très-appréciées comme dessert et entrent dans diverses compositions de gâteaux, elles doivent être cueillies avant leur maturité et dès qu'elles ont atteint tout leur développement. On les place alors dans des paniers en osier ou des caisses en bois, au fond et autour desquelles on met un lit de paille, ou mieux encore de rognures de papier ; on remplit le panier de prunes, couche par couche, et en laissant le moins de vide possible. Par-dessus, on met une feuille de papier et une couche de rognures de manière à ce qu'il y ait un peu de trop plein, puis on fixe la couverture sur laquelle on pèse fortement, soit par des ficelles pour le panier d'osier, soit en clouant le dessus de la caisse. L'essentiel est d'obtenir une certaine compression des fruits que le moindre ballotage altère complétement dans le transport. Cette pression peut bien gâter quelques fruits à la surface, mais elle assure la bonne conservation des autres, qui arrivent à destination en parfait état.

Les fruits destinés à faire les pruneaux dont le commerce a une grande importance dans plusieurs départements, le Var, les Basses-Alpes, l'Indre-et-Loire, le Tarn, le Tarn-et-Garonne, le Lot et surtout le Lot-et-Garonne, méritent des soins particuliers et exigent une manipulation que nous étudierons dans tous ses détails, en raison des avantages considérables qu'elle assure aux cultivateurs.

La prune, comme les figues, les raisins et beaucoup d'autres fruits, a dû d'abord être séchée au soleil ; c'est là et pour les besoins du ménage le début de sa préparation. Mais le commerce n'aurait pu s'alimenter avec les produits d'une préparation si longue et d'un résultat si restreint. Il a fallu recourir à des procédés plus expéditifs.

Dans la Provence, on les plonge dans l'eau bouillante d'où on ne les retire que lorsque l'eau d'abord refroidie a repris son bouillon. Alors, on les égoutte et on les agite dans des paniers, jusqu'à ce qu'elles soient froidies, puis on les dépose sur des claies, sous des hangars, où on laisse aux courants d'air le soin de les dessécher; enfin une longue exposition au soleil achève la dessiccation.

A Digne et dans les environs, on fabrique avec les prunes *Perdrigon noir* les pruneaux de Brignoles, connus dans le commerce local sous le nom de *Pistoles*, par des procédés différents.

Les fruits sont récoltés très-mûrs et lorsque le soleil a fait disparaître toute l'humidité. « Le lendemain, dit M. Dubreuil, dans son excellent cours d'arboriculture, où nous puisons ces renseignements, les femmes les pèlent avec l'ongle pour éviter tout contact nuisible et les enfilent sur des baguettes de la grosseur d'une plume à écrire, de manière qu'elles ne se touchent pas; on fiche ces baguettes, dans un faisceau de paille serrée, de 1 à 3 mètres de hauteur, bien ficelé du haut en bas et portant à sa cime un crochet qui sert à les suspendre à une traverse. Les prunes restent ainsi exposées au soleil pendant 4 ou 5 jours et elles sont remises chaque soir dans un lieu sec; il en est de même si le temps est à la pluie. Quand les prunes se détachent facilement des baguettes, on les secoue, on les défile et l'on en fait sortir les noyaux. On les aplatit alors et on les place sur des claies. Quand elles sont à peu près séchés, on les aplatit une seconde fois, et on les remet au soleil pour achever leur dessiccation. » Il n'y a plus alors qu'à les mettre en caisse pour les livrer au commerce.

Dans l'Indre-et-Loire et le Lot-et-Garonne, on emploie les fours à pains ou bien des fours construits dans de plus grandes dimensions pour cuire la prune.

On a soin de ne prendre que les fruits mûrs qui tombent d'eux-mêmes de l'arbre ou s'en détachent à de légères secousses de l'arbre ; les cultivateurs très-soigneux, mais rares, répandent un peu de paille sous les arbres pour ménager le fruit dans sa chute, mais dans la grande culture où ces précautions seraient impossibles, du moins peu pratiques et très-dispendieuses, on se contente de herser le sol et de renverser les chaumes dans les champs qui ont porté du blé, au moyen d'un léger labour.

Les prunes sont ainsi ramassées chaque jour et avant tout lavées avec soin, pour peu qu'elles soient tachées de boue, ce qui est inévitable dans les temps de pluie et surtout d'orage qui font tomber dans un instant une masse de fruits très-embarrassants pour le cultivateur, qui se trouve ainsi, tout comme dans les années de grande abondance, exposé à en perdre beaucoup, s'il ne peut disposer d'appareils expéditifs de cuisson.

Les fruits lavés sont étendus au soleil ou au grand air, sur des lits de paille et mieux sur des claies pour être débarrassés de toute humidité. Une fois secs, on les étend sur une seule couche sur des claies dont la forme, les dimensions, et la construction sont très-différentes suivant les localités. Elles sont rondes, ovales, coniques et rectangulaires, etc. ; elles contiennent de 6 à 9 kilos de prunes vertes représentant environ 2 à 3 kilos de pruneaux. Elles sont faites avec des cercles ou des baguettes formant un cadre rempli par des baguettes à claire-voie clouées sur des traverses et assez rapprochées pour ne pas laisser passer le pruneau, baguettes faites avec du roseau fendu et demi-

clat, des osiers, ou des liteaux façonnés, droits, plats ou
arrondis, ou bien par une sorte de trame faite avec des
lianes, des ronces, des tiges flexibles de clématites, etc.,
reliant les bords opposés du cadre. Ces claies primitives
dont nous n'avons guère besoin de faire ressortir les
désavantages autant par les vides qu'elles laissent dans
les fours que par les inconvénients de leur construction, sont faites pendant l'hiver au coin du feu par les
paysans qui n'ont d'autre excuse pour s'en servir que
de n'avoir pas à en acheter de meilleures ou à en fabriquer eux-mêmes de plus coûteuses.

Les claies garnies de prunes sont introduites dans le
four préalablement chauffé à 50° C environ. Une trop
forte chaleur ferait au début crever la prune et le suc
sirupeux qu'elle contient coulerait en pure perte sur
les claies. Puis on ferme le four où on les laisse jusqu'à
ce que la chaleur, qui va toujours en diminuant, ne produise plus d'effet utile ; une fois retirées du four, on
laisse les prunes se refroidir avant d'y toucher ; quand
elles sont froides, les femmes, ordinairement chargées de
ce travail, les retournent, pour que la surface du fruit
portant sur la claie, moins cuite que l'autre, reçoive plus
de chaleur à la seconde cuisson. Alors on chauffe le four
à environ 70° C. et on introduit de nouveau les claies
garnies de prunes retournées ; leur dessiccation fait
de nouveaux progrès. Lorsque le four se refroidit, on
les retire, on retourne les fruits et on procède de la
même façon à une troisième cuisson, en élevant la température du four à 90° et même à 100°. Cette troisième
opération suffit ordinairement. Cependant il en faut quelquefois une quatrième et même, quoique rarement, une

cinquième pour arriver à une cuisson complète, indispensable pour obtenir la conservation du pruneau, surtout quand il est destiné à l'exportation dans les colonies
où la chaleur du climat l'altère facilement, quand l'insuffisance de cuisson occasionne la fermentation.

Pour que cette cuisson soit parfaite il faut que le
pruneau une fois refroidi reste noir violacé, mais luisant,
charnu, assez ferme, mais cédant doucement à la pression des doigts ; la pulpe doit être grasse, jaune safrané,
l'amande du noyau doit être cuite. Si la surface des
pruneaux est poisseuse, s'ils s'agglutinent facilement
dans le tas ou par la compression, si l'amande n'est pas
cuite, la cuisson n'est pas suffisante, et il faut une nouvelle dessiccation. Si au contraire, le pruneau est des-
séché au point de n'avoir plus de chair, le mal est irré-
parable : la prune est sans valeur et a perdu d'ailleurs
une trop grande quantité de son poids.

En général elle perd par une bonne cuisson environ
70 pour cent de son poids.

La couleur noire dépend surtout de la maturité du
fruit ; le vernis, si apprécié du commerce, qui n'a aucun
souci du goût du pruneau, flatte l'œil, témoigne de la
propreté de la manipulation, et promet par la dessiccation
complète de l'enveloppe, une conservation parfaite du
fruit.

Nous ne dirons qu'un mot, pour les proscrire de la
manière la plus absolue, des procédés dont on faisait
usage autrefois et souvent avec mystère, mais auxquels
on a renoncé aujourd'hui à peu près partout, pour
donner au pruneau la couleur noire et brillante qui augmente sa valeur. Ni la fumée qui donne au fruit un goût

désagréable, ni la combustion de bois vert, ni l'aspersion avec de l'eau jetée sur les prunes à une dernière
cuisson ne peuvent donner de la couleur à un fruit qui
ne serait pas mûr et de bonne qualité.

L'usage du four est encore répandu dans le Lot-et-
Garonne ; néanmoins les progrès de la culture ont nécessité depuis plusieurs années un perfectionnement dans
les appareils de cuisson. Bien des propriétaires récoltent plus de 200 et même 300 quintaux métriques,
c'est-à-dire jusqu'à 30,000 kilogr. de pruneaux. Or, un
four ne peut guère, pendant la saison, cuire plus de
5 quintaux métriques, soit 500 kilogr. Le four, à moins
d'être multiplié dans des conditions bien embarrassantes,
resterait donc insuffisant. Il exige d'ailleurs des manipulations longues et un personnel nombreux, de plus en
plus difficile à trouver.

Enfin, c'est un appareil défectueux au point de vue
même de la cuisson.

En effet, pour bien cuire un fruit, il faut que la chaleur le pénètre également dans toutes ses parties, surtout au centre où la maturité est naturellement moins
complète qu'à la surface ; dès lors il est indispensable
que la surface reste toujours facilement pénétrable par
la chaleur qui doit agir sur le centre et aller constamment et progressivement en *s'élevant* de la température
point de départ jusqu'à 100°, qu'on ne doit pas dépasser.
Or, dans le four, à chaque opération la température est
plus forte au début, et va toujours en *diminuant* puisque
le four se refroidit. Dès lors, l'enveloppe reçoit d'emblée
l'effet le plus actif de la chaleur ; elle est saisie, et
devient moins pénétrable, le centre reçoit toujours

moins de chaleur; en fin de compte, il est évident que la pulpe et surtout l'amande sont beaucoup moins cuites que la peau de la prune. Il en résulte que pour que la pulpe soit assez cuite, la peau l'est beaucoup trop; aussi, dans les petits fruits qui ont peu de pulpe elle se réduit à rien après la cuisson et le pruneau n'est plus qu'un noyau recouvert d'un noir parchemin, c'est-à-dire un fruit sans valeur; les grosses prunes bien soignées et cuites à petit feu conservent de bonnes qualités, mais elles perdent une partie du poids qu'elles devraient avoir, par la dessiccation exagérée de leur peau.

Ces raisons fournies par la science, l'observation ou la nécessité ont fait chercher d'autres moyens de cuisson que nous allons étudier dans l'ordre où ils se sont produits.

DES ÉTUVES

L'*étuve* n'est pas le *séchoir*.

L'*étuve* est une enceinte close que l'on chauffe pour cuire les fruits qu'elle renferme, *mais d'où la vapeur produite ne peut pas sortir*.

Le *séchoir* diffère par ce seul point essentiel que les vapeurs dégagées par la chaleur *sont expulsées au dehors*.

Chaque appareil a son avantage : l'*étuve* utilise toute la chaleur produite par le combustible, mais ne peut pas dessécher ; le *séchoir* au contraire perd une partie de la chaleur, qui sort avec la vapeur, mais en revanche dessèche les objets qu'il contient.

L'*étuve* employée à la cuisson des prunes est insuffisante, elle ne peut que cuire la pulpe du fruit, sans lui donner le degré de siccité nécessaire à sa conservation. Il faut le *finir*, le dessécher au four. Le *séchoir* au contraire cuit et dessèche la prune et rend le four inutile.

Les premières étuves employées à la cuisson des prunes, il y a environ une trentaine d'années, étaient une petite chambre bien close, dans laquelle on disposait des étagères superposées, destinées à recevoir un grand nombre de claies garnies de prunes, et où l'on plaçait un poêle en fonte ou en faïence pour réchauffer cette enceinte. On entrait de temps en temps dans l'étuve pour mettre du bois dans le poêle pour entretenir le feu ; la combustion était alimentée par l'air contenu dans cette enceinte, puisque la porte, qui était sa seule ouverture, une fois fermée, il ne pouvait ni entrer de l'air extérieur, ni sortir des vapeurs dégagées par la chaleur des prunes à cuire. Le feu produisait tout son effet, mais l'air intérieur, qui était saturé de vapeurs, au lieu d'activer la combustion, l'arrêtait, le feu s'éteignait, si on n'entrait pas de temps en temps dans l'étuve pour mettre du bois au feu ; en entrant, un courant d'air sec arrivait au foyer par la porte, la combustion se ranimait, puis, une fois la porte refermée, durait jusqu'à ce que l'abondance des vapeurs l'arrêtât de nouveau. C'était une combustion intermittente à laquelle il fut facile de remédier, en établissant le poêle de façon que presque toutes les faces restassent dans l'étuve pour y rayonner de la chaleur, et que l'ouverture du foyer fût en dehors pour pouvoir entretenir le feu sans entrer dans l'étuve. Dans ces conditions, la combustion fut contenue, et en plaçant deux poêles pour avoir plus de chaleur, en faisant suivre aux tuyaux de cheminée, généralement en tôle, un parcours plus long tout autour et en dedans de l'étuve, on augmenta la surface de chauffe et l'on obtint des résultats favorables pour cuire à la fois une grande quantité de fruits, qui toutefois n'étaient pas secs et avaient besoin d'être finis au four.

Ce progrès dans la cuisson de la prune amena bientôt d'autres améliorations pour la construction de fourneaux

en fonte de divers modèles, qu'on substitua avec avantage aux poêles, et les cheminées en tôle, qui résistaient
peu à l'oxydation produite par les vapeurs brûlantes de
l'étuve furent remplacées par des cheminées en poterie,
et mieux encore en fonte.

Mais les prunes *ne séchaient pas* dans ces étuves ;
c'est alors qu'on songea à se débarrasser des vapeurs
qui empêchaient la dessiccation des fruits cuits, et qu'on
transforma l'*étuve* en *séchoir*, en pratiquant à sa partie
supérieure une ou plusieurs ouvertures disposées de
diverses façons, mais ayant toutes pour but de laisser
sortir les vapeurs de l'étuve. Mais en plaçant les issues
de la vapeur à la partie supérieure, il s'en suivait que
l'air chaud, partant d'en bas de la surface du foyer,
montait rapidement en haut et sortait sans avoir produit
tout son effet utile entre les divers étagers de claies. Cet
inconvénient grave donna l'idée à un constructeur d'é-
tablir dans le séchoir plusieurs gros tubes en tôle dont
une extrémité ouverte aspirait en quelque sorte les vapeurs à peu près au milieu de l'enceinte et les laissait
échapper au dehors par l'autre extrémité ouverte en
dessus de l'enceinte. L'idée était bonne, mais incom-
plète.

Enfin, un autre constructeur a cru mieux encore se
débarrasser des vapeurs, en les soutirant de l'intérieur
du séchoir, et en les faisant passer dans le foyer lui-
même. Dans ce but, au devant de la porte du foyer
par laquelle on introduit le bois et l'air entre pour alimenter la combustion, il a réservé une petite enceinte,
une sorte de vestibule, dont l'ouverture extérieure est
fermée par une porte complétement pleine et placée pa-

rallèlement et en avant de la première, dont elle est peu
distante. Entre les deux portes, s'ouvre dans ce vestibule, à droite et à gauche, un tube qui communique avec
l'intérieur du séchoir. Si cette dernière porte est ouverte,
l'air extérieur alimente le feu en entrant par la porte du
foyer qui est ou pleine, mais entr'ouverte, ou percée d'un
trou comme en général et à tort dans toutes les portes
de foyer. Mais si l'on veut faire brûler les vapeurs, comme
dit ce constructeur, on n'a qu'à fermer la deuxième porte
extérieure ; évidemment alors, l'air extérieur ne pouvant
plus entrer, les vapeurs soutirées par le feu arrivent
dans le vestibule par les conduits latéraux et alimentent
la combustion, jusqu'au moment où elles l'arrêtent; pour
la ranimer on n'a qu'à ouvrir la porte extérieure. C'est
exactement la reproduction des inconvénients des premières étuves.

L'idée de brûler les vapeurs, qui a séduit tant d'inventeurs et paraît jouir encore d'un certain crédit, n'est
point nouvelle, puisqu'elle est indiquée dans tous les
traités de physique et notamment dans le *Traité de la
chaleur* par Péclet.

Mais elle est contraire à toutes les données de la
science. L'air *humide* est très-impropre à la combustion ; c'est un fait non-seulement démontré par la théorie
chimique de la combustion, mais acquis par l'expérience
la plus vulgaire. Toutes les cuisinières savent que le
feu brûle d'autant mieux qu'il est plus sec, par un froid
très-vif ; souvent les hauts fourneaux sont arrêtés en été
parce qu'alors l'air renferme trop de vapeurs et brûlent
mal, à moins que pour avoir des températures très-
élevées on n'emploie des machines soufflantes chassant

l'air qui n'arrive au foyer qu'après avoir été chauffé au rouge blanc pour qu'il soit absolument sec.

L'avantage de se débarrasser des vapeurs du séchoir en les brûlant dans le foyer est donc loin d'être compensé par l'inconvénient d'éteindre le feu, d'avoir une combustion irrégulière, et de perdre ainsi une grande quantité de la chaleur du foyer.

Il a donc fallu rechercher les conditions les meilleures pour satisfaire à toutes les indications de la théorie et de la pratique. Nous nous sommes voué à ce travail. Depuis plus de 20 ans, nous avons étudié sur place et dans les diverses expositions où ils se sont produits, les différents systèmes employés pour cuire la prune. Utilisant toutes les applications qui font partie du domaine public, nous nous sommes arrêté, après bien des essais infructueux, après des combinaisons très-compliquées, toujours peu pratiques, à une disposition de séchoir qui nous paraît atteindre le but auquel le propriétaire doit arriver : *cuire* d'emblée la prune, *économiquement et parfaitement*. Notre appareil fonctionne chez nous et chez un grand nombre de propriétaires de la Gironde, du Lot-et-Garonne et de la Dordogne ; nous n'avons pas la prétention de le faire préférer exclusivement à tout autre, et nous nous sommes gardé de citer des noms propres, en respectant les droits de tous les inventeurs, dont nous serons toujours disposé à encourager les efforts ; nous voulons seulement le soumettre à l'appréciation du public agricole, juge intéressé et compétent. Peut-être en tirera-t-il quelque profit. Pour nous, obscur travailleur, nous aurons du moins apporté un grain de sable à l'édifice du progrès. Nous serons heureux si d'autres, mieux inspirés, trouvent un appareil meilleur et rendent plus fécond l'effort agricole, source de toutes nos richesses.

Qu'il nous soit permis seulement d'ajouter que notre appareil, soumis au jury international de l'exposition universelle de 1867, présidé par M. Boussingault, lui parut mériter, sur le rapport de M. le baron Thénard, la *médaille d'argent*, qui nous fut attribuée.

Nous allons décrire en détail cet appareil. Nous invitons d'ailleurs tous les propriétaires qui voudront bien nous faire cet honneur, à venir le voir fonctionner dans la saison où l'on fait cuire la prune, à Monségur (Gironde), où l'on arrive facilement par les chemins de fer en s'arrêtant à la gare de la Réole, d'où une correspondance partant à tous les trains porte en une heure les voyageurs à Monségur.

CONDITIONS D'UN BON SÉCHOIR.

Pour qu'un séchoir rende tous les services qu'on doit attendre d'un appareil agricole, il doit remplir les conditions suivantes :

1° Être solide, à bon marché, peu sujet à des réparations, d'une manœuvre facile, et occuper peu de place.

2° Chauffer économiquement, avec toute espèce de combustible, et utiliser toute la chaleur produite.

3° Cuire complétement la prune, en lui laissant tout le poids possible et en assurant sa parfaite conservation.

Pour répondre à ces indications, notre appareil, construit entièrement en fonte, fer et briques, il norcupe qu'une surface circulaire de 3 mètres de diamètre et n'a qu'une hauteur de 1^m 65 cent.

Il peut s'établir dans une chambre ou en plein air, en le couvrant d'une toiture dans ce dernier cas. Une seule femme suffit pour cuire environ 300 kilogr. de prunes vertes, représentant environ 100 kilogr. de pruneaux, par 24 heures, avec à peu près 2 francs de combustible, bois, coke ou charbon. La prune sur des claies en bois ou fer est cuite *complétement, sans couler, perd moins de son poids qu'au four* et *se conserve parfaitement.*

Ce séchoir se compose :

1° Du *foyer* et des *cheminées.*

2° Du *réservoir* d'air chaud et sec, avec les *prises* d'air extérieur.

3° Du *séchoir* proprement dit, ou chambre où sont séchées les prunes.

4° De *l'arbre* qui supporte les étagères superposées pour y placer des claies en fer.

5° Des *tiroirs* destinés à régler le séchage.

6° Des *conduits d'évaporation.*

LE FOYER.

Le *foyer* est tout en fonte, d'une épaisseur de 0^m 01 cent. Il se compose du *foyer* proprement dit, long d'environ 1 mètre, et d'une largeur et hauteur d'à peu près 30 cent. Sa section est une sorte de demi-cercle un peu surélevé. La partie inférieure ou base est *la grille* formée de tubes triangulaires creux et juxtaposés, tubes sur lesquels est placé le combustible, et entre lesquels passe la cendre pour tomber dans le *cendrier* placé au-dessous, l'air se chauffe par conséquent dans la grille et tout autour du fourneau ; aucun effet de la combustion n'est perdu et la surface de chauffe est relativement considérable ; la chaleur du cendrier même réchauffe l'air contenu dans les tubes de la grille, ainsi que les parois du cendrier, qui sont en fonte et ne font qu'une pièce avec la grille.

A la face antérieure du foyer s'adaptent les portes indépendantes l'une de l'autre, du foyer et du cendrier ; la porte du foyer est pleine et ne doit servir qu'à introduire le combustible ; la porte du cendrier est percée de trous pour laisser passer l'air destiné à alimenter le foyer, et qui doit y arriver *par-dessous la grille.*

Le cadre de ces portes est en fonte avec un large évasement qui dispense de la construction en briques ou pierre que le feu dégraderait en peu de temps.

A l'extrémité postérieure du foyer s'adapte la cheminée, également en fonte et qui se bifurque immédiatement en deux conduits cintrés qui rampent presque horizontalement autour du fourneau, afin que, le tirage n'étant pas trop rapide, la chaleur produise tout l'effet possible sur l'air qui se chauffe autour des cheminées comme autour du fourneau. Ces conduits viennent se rejoindre au-dessus du foyer, à sa partie antérieure, pour ne plus former qu'une seule cheminée, qui monte verticalement jusqu'au-dessus de l'appareil, en continuant jusqu'à son extrémité à chauffer l'air du séchoir.

L'enceinte du séchoir est en briques superposées à plat, et bâties avec de la terre argilo-siliceuse que l'on pétrit en y mélangeant une petite quantité de crottin de cheval ou de bouse de vache pour lui donner plus de consistance.

Ces briques forment un mur d'environ 0^{m}12 à 0^{m}15 d'épaisseur, suffisant pour retenir la chaleur.

Si on peut les faire cintrées par les deux bords intérieur et extérieur, ce qui est facile en traçant un moule avec un rayon de 1^{m}30 cent. pour le bord extérieur et de 1^{m}37 cent., on obtient pour l'ensemble une construction cylindrique très-propre, dont on passe au fer les joints pour lui donner un aspect artistique. Si les briques, qu'on doit préférer épaisses, sont droites, la surface de la construction est moins régulière, mais il est facile de l'enduire par un crépi fait avec de la terre mêlée de crottin dans une proportion un peu plus forte, pour éviter que le crépi se fendille ; du reste, s'il s'est un peu fendillé, on peut, avec un gros linge mouillé, et par une sorte de brossage, remplir ces fentes qui ne se reproduisent plus.

Si l'on veut donner à cette construction un certain cachet d'élégance, on construit la base du séchoir, qui renferme le foyer, avec de la pierre smillée, avec un diamètre de 3^{m}10 cent. sur une hauteur de 0^{m}65 cent.; puis, après une retraite de 0^{m}05 cent. on commence la construction circulaire avec des briques. Dans le cas où l'on n'aurait pas de briques à sa disposition, il est indifférent de bâtir avec de la pierre, mais alors, il faut plus de largeur à l'extérieur, hors œuvre, et réserver toujours pour l'intérieur, d'un mur à l'autre, un diamètre de 2^{m}70 cent. au minimum.

RÉSERVOIR D'AIR CHAUD.

Tout autour du foyer et du cendrier on établit un massif, à environ une distance de 0^m 25 cent. jusqu'à la hauteur du dessus de ce foyer. Alors on commence une voûte qui le recouvre, mais toujours à une distance d'environ 0^m 12 cent. à 0^m15 cent. On obtient ainsi un réservoir d'air qui est constamment chauffé par le foyer, et dans les tubes creux de la grille ; ce réservoir se prolonge autour des cheminées doubles qui continuent à réchauffer ainsi l'air qui les baigne jusqu'à ce qu'il entre dans le séchoir, en soutirant derrière lui de l'air froid qui arrive par les *prises d'air*, trous circulaires de 0^m 10 cent. de diamètre ouverts en bas du mur et à côté du cendrier, et qui, dès son entrée, commence à le chauffer.

Les galeries d'air chaud qui entourent les cheminées sont recouvertes par de petites voûtes qui, avec la voûte du dessus du foyer, forment la base de la chambre où sont placées les prunes ; base ainsi constamment chauffée, et à la circonférence de laquelle arrive l'air chaud par plusieurs ouvertures ménagées à la naissance de la cloison en briques de plat. Si la construction s'arrêtait là, l'air chaud entrerait par en bas dans le séchoir et cet appareil aurait tous les inconvénients des séchoirs ordinaires ; pour les éviter, nous faisons construire une deuxième cloison intérieure, en briques de champ avec du plâtre, à une distance d'environ 0^m10 cent. de la première cloison, de manière à avoir ainsi deux cylindres concentriques : un formé par la cloison en briques de plat, et l'autre par la cloison en briques de champ, cylindres entre lesquels existe un vide, un passage dans lequel s'ouvrent les bouches d'air chaud, qui est forcé par ce moyen d'arriver dans le séchoir par *en haut ;* il y pénètre facilement et également parce que la cloison intérieure n'arrive pas jusqu'aux planches qui reposent sur la cloison extérieure. Nous verrons dans le fonctionnement de l'appareil les avantages de cette disposition.

ARBRE EN FER.

Depuis longtemps en usage dans les étuves, il est très-commode ; il se compose d'un axe vertical sur lequel sont fixées par divers procédés des tringles en fer horizontales reliées par d'autres petites tringles formant des étages superposés à des distances variables de 0^m15 cent. à 0^m20 cent. sur lesquels sont placées les claies garnies de prunes à cuire. L'arbre tourne facilement, au moyen d'un pivot reposant sur une crapaudine placée au centre de la base du séchoir, de façon que tous les étages se présentent successivement à la porte du séchoir, qui doit être unique, assez large pour introduire les claies, mais aussi étroite que possible pour laisser sortir moins d'air chaud, lors de l'introduction ou de la sortie des claies. La porte doit être en bois, mauvais conducteur, pour éviter les pertes de chaleur par le rayonnement. Les portes en tôle doivent être abandonnées et sont d'ailleurs plus chères.

L'arbre que nous préférons a été imaginé par M. Ulysse

Ducayron, serrurier à Monségur (Gironde) ; il est simple, solide, léger, peu coûteux et permet facilement d'entrer au besoin dans le séchoir ; il n'a qu'un mètre de hauteur et contient six étages, de 10 claies chacune, en tout 60 claies contenant 120 kilogr. de *pruneaux*. Entre les claies du même étage, un espace vide est ménagé pour que l'air chaud puisse *descendre* facilement de l'étage supérieur à l'étage inférieur. Le tout est recouvert par un plancher en bois reposant sur des chevrons, ou bien en briques reposant sur des tringles en fer à T. Le plancher doit être couvert de sable pour empêcher les pertes de chaleur.

DES CLAIES.

Les claies en bois nous paraissent devoir être complétement abandonnées. Le bois est mauvais conducteur de la chaleur ; il ne peut être employé, quelque forme qu'on donne aux traverses, sans qu'une surface assez large de la prune ne soit en contact avec lui et par conséquent peu chauffée ; dans la claie en bois la partie pleine égale au moins la partie vide. Nous avons longtemps reculé devant la nécessité de substituer le fil de fer au bois pour former la grille des claies, parce que nous craignions que le fil de fer n'entamât la prune. Cette crainte était chimérique, et l'expérience nous désabusa complétement et fut décisive.

Nous avions des claies en bois bien faites avec des liteaux larges d'un centimètre, plats en dessus et arrondis en dessous pour que la prune ne portât en quelque sorte que sur un point, comme une tangente : sur ces claies nous enlevâmes la moitié de la grille en bois et lui substituâmes une grille en fils de fer de 0^m 002 millim. de diamètre, distants de 0^m 01 cent. Nous garnîmes la claie de prunes et l'introduisîmes dans le séchoir. Les prunes furent cuites deux heures plus tôt sur le fer que sur le bois, sans aucune altération, sans que l'empreinte du fil de fer fût plus appréciable que celle du bois.

Sur cette grille en fer, la prune est en quelque sorte suspendue dans l'air chaud, le plein de la grille est à peine le 1/10e du vide, et d'ailleurs le fer est bon conducteur de la chaleur. Nous pensons en conséquence que les claies en fil de fer sont préférables à toutes les autres, et d'autant mieux qu'elles durent plus longtemps et que par un outillage spécial notre constructeur est arrivé à les fabriquer au prix des bonnes claies en bois.

CONDUITS D'ÉVAPORATION.

L'air chaud qui a pénétré par en haut et parcouru toute la hauteur du séchoir du haut en bas arrive à la partie intérieure, saturé d'humidité ; il sort par deux ouvertures réservées dans la cloison en briques de champ larges de 0^m 50 cent. et hautes de 0^m 10 cent. seulement, aux deux extrémités de son diamètre intérieur et placées à la base de l'enceinte.

Ces ouvertures sont les bouches d'un conduit entre les deux cloisons dont nous avons parlé et par lequel les vapeurs montent jusqu'au-dessus de l'appareil pour s'échapper au dehors.

Dans ce conduit sont installés deux tiroirs, se manœuvrant en dehors, au moyen desquels on empêche à volonté les vapeurs de sortir pour transformer le séchoir en étuve, au début de l'opération, et l'étuve en séchoir au moment où il faut finir de sécher la prune.

Tel est, dans son ensemble et ses détails, le système auquel nous avons cru devoir donner la préférence sur tous les autres, après des recherches longues et persévérantes, système que nous avons cherché de notre mieux à décrire clairement, afin d'en faire ressortir les avantages et pour que le public agricole puisse en profiter ainsi que des perfectionnements auxquels il pourra donner naissance ; car nous n'avons nullement la prétention d'avoir dit le dernier mot ; un autre mieux inspiré trouvera des modifications utiles. C'est la loi du progrès.

FONCTIONNEMENT.

Afin de faciliter la manœuvre pour la cuisson des prunes, il est nécessaire de disposer autour du séchoir et à couvert, des étagères destinées à supporter un grand nombre de claies, pour éviter l'encombrement, soit avant de les introduire dans l'appareil, soit au moment où on les retire du séchoir.

Les prunes cueillies et lavées avec soin, pour peu qu'elles soient sales, sont disposées sur les claies, en une seule couche, et sans chercher à trop les rapprocher les unes des autres. En théorie, il paraîtrait avantageux de mettre sur les mêmes claies les prunes les plus grosses, les plus mûres, et sur d'autres les plus petites, etc., pour obtenir sur les mêmes claies le même résultat. Mais dans la pratique, ces triages seraient longs, et comme la besogne ne manque pas, parce que le fruit mûrit tout à peu près à la même époque, ou du moins en trois ou quatre semaines au plus, on emploie les procédés les plus expéditifs, sans du reste aucun préjudice pour le résultat final.

Les claies garnies de prunes sont placées sur les étagères de l'arbre, dans le séchoir chauffé d'abord à feu doux, 50° au plus. Du reste, dans notre pratique, c'est le soir, quand on cesse de chauffer, lorsque l'on a retiré toutes les claies chauffées pendant la journée, que l'on remplit le séchoir de prunes vertes, la chaleur acquise suffit pendant la nuit pour flétrir les prunes, et sans le moindre travail, sans la plus petite dépense en combustible. Mais on a soin de fermer les prises d'air, pour éviter l'introduction d'air froid, ainsi que les tiroirs des conduits d'évaporation, afin d'empêcher l'air chaud et la vapeur de sortir.

Le séchoir est alors transformé en étuve ; la chaleur pénètre doucement jusqu'au noyau, sans que la peau de la prune soit saisie ; la pulpe se cuit également et se transforme en quelque sorte en marmelade, sans que le fruit change de forme ; la peau brunit et se ride à petits plis égaux. Le matin, on chauffe, et lorsque la température s'est élevée assez pour avoir bien réchauffé la prune jusqu'au noyau sans dépasser 60°, ou commence à ouvrir à demi les tiroirs et les bouches d'air, pour laisser sortir peu à peu la vapeur et entrer de l'air sec qui se réchauffe autour du fourneau et des cheminées et forme ce courant continu qui entre par en haut, inonde les claies les plus élevées, descend au-dessous entre les prunes et à travers les fils de fer formant les grilles des claies, et plus facilement encore entre les bords des claies du même étage, qui, nous l'avons dit, sont distantes les unes des autres d'environ 0ᵐ 10 cent.

La prune est ainsi chauffée et desséchée sur tous les points de sa surface; car elle ne porte que sur un fil de fer qui d'ailleurs, bon conducteur, la réchauffe lui-même, et chaque prune ayant diminué de volume se trouve presque complétement isolée. Du deuxième étage le courant passe au troisième en descendant toujours jusqu'au dernier où il trouve les galeries d'évaporation par lesquelles, saturé de vapeurs, il s'échappe au dehors.

Peu à peu on augmente la chaleur, et on ouvre un peu plus les prises d'air et les tiroirs de la vapeur; alors l'*étuve* devient *séchoir ;* vers midi la prune est devenue noire et brillante, on ouvre complétement les tiroirs et les prises d'air, et pendant deux heures on élève la température à 80° ou 90° C. Il est inutile de dépasser ce degré. Alors s'établit un courant rapide d'air chaud qui donne au fruit ce dernier coup de feu avec lequel on achève la cuisson et on donne ce vernis noir recherché par le commerce.

Vers deux heures de l'après-midi, il faut retirer les claies; elles contiennent des fruits cuits d'emblée, qui par un plus long séjour dans le séchoir seraient trop desséchés et perdraient de leur poids.

Mais évidemment on ne peut s'attendre à trouver également cuits sur toutes les claies tous les fruits introduits dans le séchoir. Les plus petits, les plus mûrs, surtout ceux des claies supérieures, seront seuls cuits.

Les autres, plus ou moins avancés en cuisson, devront être remis plus tard dans le séchoir, et du reste on croit avoir remarqué que les fruits séchés en deux fois sont plus noirs.

Quoi qu'il en soit, toutes les claies retirées du séchoir sont placées sur les étagères à *couvert*, et on attend qu'elles se refroidissent pour trier celles qui sont cuites; alors seulement elles ont assez de fermeté pour qu'on puisse bien juger le degré de cuisson, car même bien cuits, les pruneaux chauds sont très-mous. Le triage fait, on met sur les mêmes claies les prunes à peu près également cuites pour les remettre au séchoir. Mais pour ne pas perdre de temps, ce sont les prunes du triage de la veille que l'on remet au séchoir au moment où l'on retire, vers 3 heures de l'après-midi, les claies du matin. Les prunes très-avancées sont placées en haut, et les moins cuites en bas pour éviter qu'elles ne soient trop saisies par la chaleur; au bout d'une heure ou deux, au plus, d'un courant d'air chaud et sec à 80", les étages supérieurs sont cuits, on les retire et on les remplace par les claies d'en bas qui elles-mêmes en peu d'instants arrivent aussi au terme de leur cuisson.

A la fin du jour, on recommence à remplir l'appareil de prunes vertes comme la veille.

Cette manœuvre très-facile exige cependant, comme dans tous les appareils de l'industrie, un tour de main : si l'on chauffe trop ou trop vite, les prunes d'en haut sont saisies, la peau devient parcheminée et brûlée et la vapeur de l'intérieur les gonfle et les *souffle*, elles ont perdu toute leur valeur. Si le feu est trop lent, la cuisson ne marche pas, on perd du temps. Mais quelques jours d'expérience suffisent aux femmes de la campagne chargées de ce travail, pour s'en acquitter parfaitement et se passer même d'un thermomètre avec lequel on gradue la température et que l'on peut placer en haut du séchoir, de manière à ce que ses indications soient visibles en dehors.

Une seule femme peut ainsi facilement faire cuire dans la journée environ 70 kilogr. de pruneaux. Mais si un orage, un grand vent, ou l'abondance de la récolte exigent plus de travail, on peut arriver en chauffant nuit et jour et avec plus d'économie de combustible à cuire de 100 à 120 kilogr. par 24 heures.

On arrive encore au même résultat en utilisant la chaleur du plancher qui couvre le séchoir et les cheminées d'évaporation, de la manière suivante :

On exhausse la cloison extérieure du séchoir en briques de plat, de un mètre environ, en laissant une porte pareille à celle du séchoir, et en la recouvrant d'un second plancher, on obtient une enceinte exactement semblable à celle qui est au-dessous, sauf la deuxième cloison en briques de champ, qui est inutile. Cette enceinte est chauffée par les deux tuyaux d'évaporation, la cheminée et le plancher inférieur. En y plaçant un arbre semblable à celui du séchoir, on peut chauffer ainsi 60 claies de prunes, qui par une température douce sont *flétries* et préparées pour la cuisson, sans dépense aucune de combustible. Cette enceinte superposée au séchoir est donc un *flétrissoir* économique. Mais si le feu est continu, nuit et jour, la température s'élève davantage dans le *flétrissoir*, et la prune, en y séjournant plus longtemps il est vrai que dans le séchoir, peut y arriver à sa complète cuisson.

Dans tous les cas, ce complément d'appareil nous paraît très-avantageux.

La prune ainsi préparée conserve environ les 40 p. 0/0 de son poids, *plus qu'au four.* Nos expériences multipliées ne nous laissent aucun doute à ce sujet.

Les pruneaux ainsi préparés sont entassés dans des corbeilles, des caisses, ou simplement sur un plancher, dans un lieu sec, et en les recouvrant de toiles pour les préserver de l'humidité.

On les apporte ainsi sur le marché dans des sacs ou des corbeilles garnies de toiles très-blanches pour faire ressortir leur couleur noire et brillante; le commerce les paye toujours comptant; les achats ne durent que peu de temps.

Les premières expéditions autrefois se faisaient par la mer Baltique et de bonne heure, et presque toujours à bons prix, parce que les navires devaient partir vers le 20 septembre pour passer le Sund avant l'arrivée des glaces. Aussi se hâtait-on pour la préparation des pruneaux. Mais aujourd'hui les voies ferrées qui sillonnent toute l'Europe sont préférées à cause de la rapidité du transport sur le continent. La voie maritime n'en retire pas moins un très-grand profit: une centaine de navires du port de Bordeaux sont employés à transporter la prune dans les pays d'outre-mer, et lorsque la récolte manque, le fret baisse très-sensiblement.

la prune doit être bien cuite pour être acceptée du
le commerce; si elle est molle et poisseuse, elle ne se
conserve pas, elle fermente, s'altère et perd de sa valeur.
Mais même bien cuite et abandonnée à elle-même, sans
les précautions ordinaires pour une bonne conservation,
elle se recouvre au bout d'un temps plus ou moins long,
et suivant les changements météorologiques, environ 5 ou
6 mois, d'une sorte d'efflorescence blanchâtre, qui fait
disparaître son vernis, mais n'altère en rien sa saveur
qui reste douce et sucrée pendant longtemps. Néanmoins
ce mouvement de décomposition des principes consti-
tutifs de la pulpe ne s'arrête pas et le pruneau finit par
se décomposer.

« Le commerce, ou plutôt l'industrie, a dû chercher et
a en effet trouvé des moyens de conservation aussi avantageux au producteur qu'au consommateur. Jusqu'à
1837, époque où les procédés de conservation furent
employés avec succès, les fruits devaient se consommer
dans l'espace de 6 à 7 mois, au détriment du propriétaire
qui, dans les années d'abondance et par conséquent à
prix peu rémunérateurs, refusait de vendre sa récolte
trop bon marché et souvent la perdait, ou du marchand
qui, achetant à vil prix des quantités considérables, ne
trouvait pas de débouchés, faute de voies rapides de
transport, et perdait les quantités invendues.

« Le pruneau d'ailleurs le mieux préparé ne pouvait
arriver en bon état dans les climats chauds ni même
dans l'Amérique du Nord.

« A cette date, M. Fau, négociant à Bordeaux, eut
la pensée d'emballer les pruneaux dans des vases de
verre dont le couvercle est à vis, ou des boîtes en

blanc, en leur faisant subir la préparation appliquée de nos jours à toutes les conserves alimentaires.

Cette préparation, qu'il pratiqua seul pendant deux ans, lui permit de faire arriver le pruneau dans tous les climats, et de l'y conserver en parfait état et aussi frais d'aspect et de goût qu'au moment de son départ. Son exemple fut suivi par le commerce, et ces procédés de conservation, peu différents au fond, dont chaque négociant est jaloux de conserver le secret, produisirent une véritable révolution dans le commerce de la prune.

Dans les années d'abondance, les prix étant modérés, le commerce achète largement en prévision des récoltes subséquentes, et si des disettes surviennent les réserves préparées d'avance permettent aux négociants de conserver leur personnel et de retrouver dans les prix élevés une compensation aux frais subis pour la préparation conservatrice des pruneaux. Le propriétaire, de son côté, ne livre ses fruits même dans les années d'abondance qu'à des prix raisonnables, et dans les années disetteuses il est moins intraitable, parce qu'il redoute les réserves du commerce.

Il en résulte que le propriétaire retire en général de sa récolte un parti très-avantageux et sans des écarts considérables dans les prix, que le marchand achète avec plus de sécurité, et que le prix moyen du pruneau a dû s'élever, puisque les colonies recevant des quantités considérables de pruneaux ont augmenté sa consommation.

Mais ces premiers procédés de conservation, assez dispendieux d'ailleurs, ont été perfectionnés. En 1844, M. Fau logea la prune dans des boîtes rectangulaires en bois ou carton, dont une des faces était en verre, et permettait de voir le fruit et d'apprécier sa qualité ainsi que son bon état de conservation. Ces boîtes elles-mêmes sont renfermées dans des boîtes de carton élégantes et riches, et quelquefois de grand luxe, surtout pour l'Angleterre où les cadeaux de ce genre sont très appréciés.

Enfin récemment M. Fau fils, qui dirige la maison de commerce de prunes la plus importante de Bordeaux, et à la parfaite obligeance duquel nous devons les renseignements relatifs au commerce des prunes, reconnut la préférence du public pour les denrées de consommation préparées proprement d'avance dans des boîtes, poches, cartons, flacons, etc., et il adopta pour loger la prune destinée à la vente de détail des boîtes cubiques en carton d'un décimètre cube pesant un kilogr. et indiquant sur l'étiquette la qualité des prunes, ou plutôt le nombre de prunes nécessaires pour faire un poids d'un demi-kilogr. ; car cette condition est la seule indication qui serve à classer commercialement les qualités de pruneaux, bien que cependant le goût du fruit soit très variable pour la même espèce, suivant les lieux de production.

Ces boîtes, d'ailleurs élégantes et d'une conservation sinon illimitée, du moins de très-longue durée, offrent un grand avantage pour l'exportation, puisqu'on peut en loger mille dans une caisse d'un mètre cube.

M. Fau père proposa en outre, en 1849, et adopta pour sa maison, dans le but de classer les différentes qualités de pruneaux, des désignations qui les précisent et ne permettent aucune erreur.

En général, le commerce, après avoir trié les pruneaux suivant leur grosseur, les classait et les classe encore ainsi qu'il suit :

1° Rebut prunes de plus de 100 au 1/2 kilogr.
2° Petite rame.   90 ou 100 environ.
3° Rame.   80
4° Rame supérieure.   70
5° Demi-choix.   60
6° Choix.   50
7° Sur-choix.   40
8° Extra.   30

En 1846 un propriétaire de Monclar, le berceau de la culture du prunier d'Ente, obtint quelques kilogr. de pruneaux magnifiques de *dix-huit* au 1/2 kilogr.

Mais ces désignations arbitraires et non légales variaient suivant les usages de chaque maison de commerce, quant au nombre de prunes nécessaires pour peser le 1/2 kilogr.; dès lors, la bonne foi de l'acheteur pouvait être surprise, et par suite le commerce, n'ayant pas de base fixe pour les transactions, trouvait dans cette incertitude un obstacle à son développement.

M. Fau adressa à tous ses correspondants et répandit dans le commerce une notice traduite en plusieurs langues et qui précisait d'une manière invariable la qualité commerciale des pruneaux vendus par sa maison.

Les qualités différentes sont désignées par des numéros placés au milieu des étiquettes qui sont collées sur les boîtes et sur les vases en verre ou en fer-blanc. Plus le numéro est élevé, plus le fruit est de qualité supérieure : ainsi le n° 1 désigne le fruit le moins beau, et, du n° 2 au n° 10, le fruit se trouve progressivement plus gros.

Le n° 1 indique la prune de 90 à 92 au demi-kilog.

2	—	—	80 à 82
3	—	—	70 à 72
4	—	—	60 à 62
5	—	—	55 à 56
6	—	—	50 à 51
7	—	—	44 à 45
8	—	—	40 à 41
9	—	—	34 à 35
10	—	—	30 à 31

Par ces désignations on voit que la prune marquée n° 10 est la qualité supérieure, et que celle marquée n° 1 est la plus inférieure.

Ainsi le consommateur, en achetant une boîte ou un vase quelconque de prunes, sait d'avance, en regardant l'étiquette, la qualité de pruneau qu'il choisit, il évite par ce moyen toute erreur ou fraude qui pourrait être commise à son détriment et que cette précaution rend impossible.

CONCLUSION

La prune de table est un bon fruit, mais il est bien difficile d'en chiffrer la valeur.

La prune Reine-Claude destinée à la confiserie est l'objet d'un commerce important, et le produit brut de cette variété peut s'élever en France, approximativement, à 2 millions.

Les pruneaux alimentent le commerce dans des proportions beaucoup plus élevées.

Le Lot-et-Garonne fournit environ 75,000 quintaux métriques de prunes Robe-Sergent, valant bon an, mal an, en qualité moyenne, de 80 à 100 francs les 100 kilogr.

Le Lot, le Tarn-et-Garonne, etc., etc. produisent à peu près le même chiffre en poids de pruneaux communs, mais d'une valeur moindre, à peu près d'un tiers au-dessous de la première.

La valeur de ces deux espèces de pruneaux peut donc s'élever à 10 ou 12 millions.

En ajoutant à ces chiffres le produit des pruneaux de Tours et du bassin de la Loire, beaucoup moindre, ainsi que celui des pruneaux de la Lorraine et du Midi, on arriverait à un chiffre approximatif de 16 à 18 millions pour le produit total du prunier.

Le prunier d'Ente ou Robe-Sergent donne en moyenne 6 kilogr. de pruneaux par arbre, lorsqu'il est cultivé dans de bonnes conditions ; sa production est toujours insuffisante et très-recherchée ; nous ne saurions donc trop en encourager la culture dans la région où elle réussit.

FIN

TABLE DES MATIÈRES

CLICHY. — Imp. PAUL DUPONT, rue du Bac-d'Asnières, 12. (17, 4-4.)

Volumes à 2 fr. 25

(Cartonnage percaline gaufrée, inscriptions et attributs dorés.)

RÉCRÉATIONS SCIENTIFIQUES

EXPOSE DES FAITS LES PLUS INTÉRESSANTS ET LES PLUS CURIEUX

DANS LES

SCIENCES MATHÉMATIQUES ET PHYSIQUES

Par **F. LAGARRIGUE,**

Professeur de Sciences appliquées à l'École supérieure du commerce.

UN BEAU VOLUME IN-18 JÉSUS,

avec gravures intercalées dans le texte.

HISTOIRE NATURELLE

DANS SES APPLICATIONS GÉOGRAPHIQUES, HISTORIQUES ET INDUSTRIELLES

Par **M. PAULIN TEULIÈRES.**

Ouvrage autorisé dans les Écoles publiques par décision de Son
Exc. M. le ministre de l'instruction publique, en date du 9 décembre 1863, — adopté pour les distributions de prix de la Ville
de Paris.

4e ÉDITION. — UN VOLUME IN-18 JÉSUS